河南省重点研发与推广专项"河南省大中城市防灾减灾支撑体系建设研究"
（222400410001）

河南省大中城市防灾减灾支撑体系建设研究

STUDY ON THE CONSTRUCTION OF SUPPORT SYSTEM
FOR DISASTER PREVENTION AND MITIGATION FOR LARGE AND
MEDIUM-SIZED CITIES IN HENAN PROVINCE

邓国取　孟婧◎著

中国经济出版社
CHINA ECONOMIC PUBLISHING HOUSE

·北京·

图书在版编目（CIP）数据

河南省大中城市防灾减灾支撑体系建设研究／邓国
取，孟婧著 . -- 北京：中国经济出版社，2024.10.
ISBN 978 - 7 - 5136 - 7891 - 9

Ⅰ. X4

中国国家版本馆 CIP 数据核字第 202404E4Z3 号

责任编辑　杨元丽
责任印制　马小宾
封面设计　任燕飞

出版发行　中国经济出版社
印　刷　者　河北宝昌佳彩印刷有限公司
经　销　者　各地新华书店
开　　　本　710mm×1000mm　1/16
印　　　张　15.25
字　　　数　218 千字
版　　　次　2024 年 10 月第 1 版
印　　　次　2024 年 10 月第 1 次
定　　　价　79.00 元
广告经营许可证　京西工商广字第 8179 号

中国经济出版社 网址 http://epc.sinopec.com/epc/ **社址** 北京市东城区安定门外大街 58 号 **邮编** 100011
本版图书如存在印装质量问题，请与本社销售中心联系调换（联系电话：010 - 57512564）

河南省是我国自然灾害频发的省份之一，自然灾害长期深刻地影响着河南省大中城市社会经济高质量发展。高质量发展阶段下推动城市高质量安全发展是国家城镇化战略的重要方向，城市防灾减灾支撑能力的提升是新发展理念背景下推动城市构建新发展格局的重要保障。基于以上背景，本书以河南省大中城市防灾减灾支撑体系为研究对象，聚焦于设计一套具有河南省地方特色的大中城市防灾减灾支撑能力指数评价体系，旨在为科学评价河南省大中城市防灾减灾支撑能力建设提供新的方法和手段，指出需要优先改进的环节，以问题为导向，精准施策，为河南省大中城市防灾减灾支撑体系建设提供参考。

首先，本书对河南省灾害现状及大中城市防灾减灾能力加以评估。通过文献梳理和运用描述性统计，发现河南省自然灾害频发，主要灾害类型包括旱灾、洪涝灾害、地震、地质灾害、森林灾害，其中尤以旱灾与洪涝灾害危害最大。借助 ND – GAIN 模型评估 2021 年河南省大中城市防灾减灾能力，发现河南省防灾减灾能力整体水平呈现出西北部地区优于东南地区的特征；防灾减灾能力等级为强的城市仅郑州市 1 个、等级为中上的城市有 9 个、等级为中等的城市有 6 个、等级为差的城市有 2 个；从脆弱性指数影响因子来看，所有城市均表现出暴露度 > 适应能力 > 敏感性；东部地区脆弱性普遍高于西部地区。从准备程度指数影响因子来看，社会文化对准备程度指数的影响最大，但经济水平、管理制度对准备程度指数的影响也不容忽视。

其次，构建河南省大中城市防灾减灾支撑体系并对2017—2021年河南省大中城市防灾减灾支撑能力进行评估。根据城市防灾减灾支撑体系的定义，结合国家和地方防灾减灾规划等文件和国内外相关研究，收集评价指标数据并运用相关性分析方法筛选指标，研制一套具有河南省特色的大中城市防灾减灾支撑能力指数评价体系。第一步，分析河南全省和大中城市防灾减灾支撑能力变化的时空特征，发现河南省整体的防灾减灾支撑能力指数偏低，呈现波动上升趋势；郑州市、洛阳市、鹤壁市、焦作市、济源市防灾减灾支撑能力指数相对较高，商丘市、信阳市、周口市防灾减灾支撑能力指数相对较低。第二步，分析河南全省和大中城市经济、社会、基础设施、生态和防灾减灾管理支撑能力变化的时空特征，发现河南省在管理和防灾减灾社会支撑能力方面建设较好，生态和防灾减灾基础设施支撑能力方面建设较为薄弱，防灾减灾经济支撑能力则位于五类防灾减灾支撑能力的中间位置；在防灾减灾经济支撑能力和防灾减灾社会支撑能力方面，属于高等级城市的仅有郑州市，商丘市、周口市、驻马店市和信阳市等城市得分较低；在防灾减灾基础设施支撑能力方面，属于高等级城市的有郑州市和鹤壁市，属于较低等级城市的有商丘市、周口市、开封市、信阳市和南阳市；在防灾减灾生态支撑能力方面，属于高等级城市的仅有郑州市，属于较低等级城市的有鹤壁市、新乡市、济源市和三门峡市；在防灾减灾管理支撑能力方面，属于高等级城市的仅有洛阳市，属于较低等级城市的有商丘市、周口市、漯河市和信阳市。

最后，根据防灾减灾支撑能力分析结果，结合国内外大中城市防灾减灾支撑体系建设经验及启示，从经济、社会、基础设施、生态和管理五类防灾减灾支撑体系入手，提出河南省大中城市"五位一体"防灾减灾支撑体系建设路径。在防灾减灾经济支撑体系方面，主要依靠市场的力量，不断创新和开发了新型的防灾减灾经济支撑体系。要规范发展防灾减灾社会捐赠支撑体系，积极完善防灾减灾政府政策支撑体系，充分利用防灾减灾传统金融市场支撑体系，鼓励发展防灾减灾现代金融市场支撑体系和探索防灾减灾经济支撑体系的最优组合。在防灾减灾社会支撑体系方面，基于其公共事业的属性，要采取政府主导的建设模式，加快完善防灾减灾医疗事业，积极推动防灾减灾教育事业和大力开展防灾减灾科研攻关。在防灾减灾基础设施支撑体系方面，要遵循规划先行、改造并举的基本原则。推进河道及水库专项治理，实施交通及电力智能化改造，完善燃气及供水网络，提升存量建筑灾害抵御等级，合理布局应急避难场所，优化应急物资保障网络，推进工程项目信息数字化。在防灾减灾生态支撑体系方面，基于和谐共生理论，制定自然规律生态修复规划，灾前强化"海绵城市"建设，重视灾后突出生态修复重要战略地位，推动 NbS（基于自然的解决方案）在防灾减灾中的应用。防灾减灾管理支撑体系方面，以智能智慧防灾减灾云管理平台为基础，建立防灾减灾组织领导保障，深化防灾减灾监督考核机制，完善防灾减灾法规标准和预案体系，建设科技赋能实现防灾减灾政府云中心，发挥防灾减灾示范带动效应，推动防灾减灾科普宣传示范工程建设。

1 绪 论

4　河南省大中城市防灾减灾支撑体系构建

5　河南省大中城市防灾减灾支撑能力评价与分析

6 中国大中城市防灾减灾支撑体系建设

7 国内外大中城市防灾减灾支撑体系建设经验及启示

8　河南省大中城市"五位一体"防灾减灾支撑体系建设

9　研究结论与展望

1　绪　论

1.1　研究背景

1.1.1　大中城市防灾减灾是世界性难题

纵观历史，人类一直受到灾害事件特别是重大突发灾害事件的挑战和影响。从自然灾害（印度洋海啸、海地地震等）、事故灾难（切尔诺贝利核事故、印度博帕尔毒气泄漏事故等）、公共卫生事件（黑死病、埃博拉病毒、新冠疫情等）到社会安全事件（"9·11"事件、俄罗斯地铁爆炸事件等），全球重大突发灾害事件的频繁发生，造成了巨大的人员伤亡、经济损失和保险损失，同时也对社会稳定与经济的健康可持续发展造成直接影响，甚至威胁到全人类的生存和发展。

随着现代化城镇进程的加快，城市人口不断增加，城市规模不断扩大，城市尤其是大中城市已经形成了一个复杂的系统，相对于快速发展的城市体量，许多城市在面对突发灾害时，往往会暴露出综合防灾减灾能力不足的问题。这可能导致城市的部分功能瘫痪，例如交通系统瘫痪、通信中断以及供水供电中断等，给市民生活带来严重影响。此外，缺乏有效的灾害应对措施也可能导致生命和财产损失加剧。另外，灾害给生产和经济活动造成的中断也会给城市带来严重的负面影响，导致生产生活受挫，甚至经济崩溃。如贝鲁特发生大爆炸、韩国大邱市地铁火灾、多伦多特大暴风雪及"7·21"北京特大暴雨、新冠疫情暴发等，城市防灾减灾面临严峻的考验。城市灾害还容易引发次生灾害，给灾区带来二次冲击，这些问题对顺利开展城市灾害应急救援工作和灾后重建工作带来重重阻碍，目前城市防灾减灾已成为世界性难题。

1.1.2 大中城市灾害长期并深刻影响河南社会经济高质量发展

河南省是我国历史上灾害最为严重的地区之一，旱灾、洪涝、风暴、冰雹、地震、雨雪、蝗灾反复蹂躏这片古老的土地。2021 年全省自然灾害直接经济损失超 1300 亿元，占当年全省生产总值的 2.21%，远远高于全国平均水平。

城市在我国国民经济发展中起着重要的作用。随着城市化进程的加快，城市不仅是财富和人口的聚集地，还承载着生产、交通、教育、文化等多种功能和资源。城市经济的发展往往带动着国家整体经济的增长，城市也成为创新和创业的热点地区。此外，城市还提供了更多的就业机会和更好的生活条件，吸引了大量农民工和其他人口流入。城市对于国家的发展具有重要的推动作用。改革开放以来，河南省城镇化水平加速，2021 年河南省常住人口城镇化率达到 56.45%，18 个地级市常住人口达到 5579 万人，GDP 达 5.89 万亿元。18 个地级市已经成为河南省各类要素资源和经济社会活动最集中的地方。另外，在快速城市化、信息化和工业化的背景下，城市面临着各类极端天气和气候事件以及频繁发生的自然灾害。城市正在遭受不同程度的负性反馈（negative feedback），"灰犀牛"正在走来，洛阳市"12·25"特大火灾事故、三门峡市"7·19"重大爆炸事故、郑州市"7·20"特大暴雨、新乡市"5·28"中毒事故等重大灾害事件不时发生，造成了重大人员伤亡和财产损失，同时对社会和谐稳定产生冲击，制约经济社会持续健康发展。

1.1.3 高质量建设现代化河南的战略部署

防灾减灾救灾工作是衡量执政党领导力、检验政府执行力、评判国家动员力、彰显民族凝聚力的一个重要方面，对于保障人民的生命财产安全、社会和谐稳定至关重要。推动城市高质量安全发展是新的发展阶段下国家城镇化战略的重要方向。在新发展理念的指导下，提升城市的综合灾害防御能力成为确保城市构建新发展格局的重要保障。2021 年 9 月 7 日，河南省委工作会议在郑州召开，会议以习近平新时代中国特色社会主义思想为指导，深入学习贯彻习近平总书记"七一"重要讲话和视察河南重要讲话重要指示，立足新发展阶段，完整准确全面贯彻新发展理念，紧抓构建新发展格局战略机遇，前瞻 30 年想问题，鲜明提出"两个确保"，谋划部署"十大战略"，为推进现代化河南建设提供了总纲领、总遵循、总指引。

会议强调，做到"两个确保"，即确保高质量建设现代化河南，确保高水平实现现代化河南。同时，要从系统的角度看问题，加强前瞻性思考，做到全局性谋划、战略性布局、整体性推进。新型城镇化战略以人为核心，是"十大战略"之一。明确提出了要"加快转变城镇化发展方式，坚持规模和质量双重提升，优化空间布局，科学划定'三条控制线，建设韧性城市'"。韧性城市的建设已经被纳入省委省政府的总体工作部署之中，通过推动韧性城市建设，推动城市治理体系和治理能力现代化，进而推动河南现代化高质量发展。

1.2　研究目的和研究意义

1.2.1　研究目的

本书以河南省大中城市防灾减灾支撑体系建设为研究对象，聚焦于探索河南省大中城市防灾减灾支撑体系建设基础理论，研制河南省大中城市防灾减灾支撑能力评价体系和评价模型，开辟河南省大中城市防灾减灾支撑体系建设新的理念、方法、手段和路径，分析河南省大中城市防灾减灾支撑能力时空分布特征，精准施策，强化河南省大中城市防灾减灾支撑体系建设，推动河南省可持续性和包容性的韧性城市建设，全面贯彻落实党中央、国务院关于加强防灾减灾救灾工作的决策部署，提高全社会抵御自然灾害的综合防范能力，最大限度地保障人民群众生命财产安全，促进河南现代化高质量发展。

1.2.2　理论意义

（1）促进学科交叉，实现研究整合

我国防灾减灾理论的研究主要是通过多学科的交叉研究，整合地理学、灾害经济学、风险管理学、社会学、保险学、行为经济学、计量经济学等领域的研究成果，促进学科之间的交流与借鉴，共同推动防灾减灾理论的发展。本书致力于建构一般理论范式，指导具体实践，通过防灾减灾支撑能力定量评估，构建防灾减灾支撑体系建设理论范式，从被动的撞击式反应转变为主动的超前性管理。通过与国际学术界的对话，以借鉴和吸收国际先进的防灾减灾理论和实践经验，为中国防灾减灾乃至全球治理做出理论贡献。通过加强国际合作与学术交流，提高防灾减灾的整体水平，以共同应对全球范围内的自然灾害挑战。

（2）丰富防灾减灾理论，推动管理技术不断进步

防灾减灾概念、内涵逐渐被接受，大中城市防灾减灾支撑体系建设在我国防灾减灾工作中占据着举足轻重的地位。然而，目前仍有许多方面还需要深入研究。规划与实施这一支撑体系建设，使其具备可操作性，这是理论与实践相结合的过程。在此过程中，应通过积极发现、分析和解决问题，不断完善大中城市防灾减灾支撑体系建设的理论。同时，应努力追求最佳的预期效果，并不断产生相关的规范和制度成果，以加快提升大中城市防灾减灾支撑能力水平。

（3）建构一般理论范式，指导具体实践

河南省目前所面临的防灾减灾形势十分复杂和严峻，我们应将重心前移，通过开展防灾减灾支撑能力定量评估，构建防灾减灾支撑体系建设理论范式，从被动的撞击式反应到主动的超前性管理。本书的结论之一是研制河南省特色防灾减灾支撑体系建设技术标准，这将有助于规范和指导河南省的防灾减灾工作。

1.2.3 现实意义

(1) 提供决策参考依据,有利于政府决策科学化

河南省大中城市防灾减灾支撑体系建设是一项宏大的系统工程,只靠个人的经验、知识和胆识进行决策,往往存在一定的局限性和不足之处。这些失误可能会给国家、集体与个人造成重大损失。在复杂的防灾减灾工作中,需要借助科学理论和专业知识来指导决策,以提高决策的科学性和准确性。所以,应建立具有系统性、可操作性的大中城市防灾减灾支撑体系,对大中城市防灾减灾支撑能力进行规范和实证分析,科学谋划,精准施策。

(2) 总结大中城市特色防灾减灾支撑体系建设经验和模式

借鉴国内外大中城市防灾减灾支撑体系建设做法,总结城市防灾减灾支撑体系建设经验,结合河南省具体情境,研制河南省大中城市防灾减灾支撑体系范式,提供河南省大中城市防灾减灾支撑体系建设经验与模式,为我国乃至全球城市防灾减灾治理做出实践贡献。

(3) 提升河南省大中城市防灾减灾治理能力

运用系统思维模式,研制河南省大中城市防灾减灾支撑能力评价体系和模型,全面系统考量河南省大中城市防灾减灾支撑能力,分析河南省大中城市防灾减灾支撑体系建设短板,通过精准施策,助力可持续性和包容性的韧性城市建设,提升河南省大中城市防灾减灾治理能力,推动高质量建设现代化河南。

1.3 国内外研究现状

1.3.1 国外研究现状

(1) 城市防灾减灾理念研究

美国联邦紧急措施署(Federal Emergency Management Agency, FEMA, 2008)将综合防灾定义为"一切能够降低或消除灾害对人类生命及财产安全造成风险的持续性活动",这强调了防灾减灾是一个持续不断的过程,

不仅包括灾难发生时的应急反应，而且更重要的是包括一系列预防措施，这些措施的目的是降低或消除灾害对人类生命和财产安全的风险。这意味着，防灾的范围不仅远超出了单纯的灾害应对，还包括灾害风险评估、规划和建设更为安全的社区、制定和实施有效的土地利用政策等方面。联合国国际减灾战略《2009 UNISDR 减轻灾害风险术语》中防灾被定义为"全面防止致灾因子和相关灾害的不利影响"，包括一系列旨在阻止灾害发生的活动，如改善建筑标准、加强基础设施以抵御自然灾害等。而减灾被解释为"减轻或限制致灾因子和相关灾害的不利影响"，侧重于减少灾害发生时可能造成的损害，例如，通过灾害教育提高社区的灾害意识和准备性，以及通过建立强大的应急管理系统来减少灾害的影响。防灾减灾与《2009 UNISDR 减轻灾害风险术语》中"减轻灾害风险"的概念相似，均强调了灾前措施的重要性，并具有"预防"的内涵。事实上，预防不仅是减轻灾害风险的关键组成部分，也是整个综合防灾减灾过程的核心。早期的一些学者，如 Stoessel 早在 2004 年就强调了综合防灾减灾研究的重点应该聚焦于预防，并且指出这是一项涉及多方协调合作的长期活动。这表明综合防灾减灾并非某个单一行为者的责任，而是需要政府、社区、企业和居民等所有利益相关者的共同努力。

（2）城市防灾减灾内容研究

国际上有不少关于城市防灾减灾内容的研究，这些研究通过立法和政策制定，确立了防灾减灾在城市规划中的重要性和作用。例如，美国的城市综合防灾规划，它是以减少灾害的潜在损害为核心目标，其规划框架系统而全面，涵盖了规划过程的设计、对可能灾害的风险评估、具体的防灾策略制定，以及各级地方防灾规划之间的协调工作。此外，规划的实施和后续的监测也是该规划体系的重要组成部分，确保规划的持续性和适应性，形成一个动态循环的管理模式，随着环境和社会条件的变化而进行相应的调整。与美国相似，日本将防灾规划视为城市规划的关键组成部分，其具有和城市规划一样的地位和法律效力。日本的防灾规划是一种全面性规划，包括规划总则、灾害预防规划以及灾害应急和恢复规划等多个方面。规划总则设定了整体的指导原则和目标，灾害预防规划明确了如何通过土地利用、建筑规范和基础设施建设来预防灾害的发生，而灾害应急和恢复规划则规定了灾后如何迅速有效地进行应急响应和灾后重建工作。这种明确的法律地位和规划作用确立后，研究视角逐渐扩大到了不同群体的防灾减灾规划。这意味着研究开始着眼于社会中的各个层面，并考虑到不同群体在灾害发生时的特定需求和能力，还包括弱势群体的保护、社区的参与，以及私营部门在灾害管理中的角色。为了满足不同群体的需求和统筹资源，防灾减灾规划应更为全面和有效，进而促进整个社会的灾害韧性和应对能力的提升。这种研究视角的转变，不仅有助于制定更具包容性和有效性的策略，还能够在灾害管理的实践中促进更广泛的社会参与和合作。

（3）城市防灾减灾应对措施研究

20 世纪末，美国和日本已经通过具有法律约束力的立法和法定规划程序，确立了防灾减灾规划在城市和区域发展中的核心地位。这些法律和规划不仅明确了应如何编制和执行防灾减灾规划，还详细规定了规划内容应包括哪些关键要素，例如灾害风险评估、防灾基础设施建设、应急响应流程以及灾后恢复策略等。这些规范性文件确保了防灾减灾措施的系统性、科学性和规范性，成为保证人民生命财产安全的重要法律工具。近年来，随着防灾减灾研究的深入发展，国际学术界开始更加关注防灾减灾规划在不同社会群体中的应用和效果。学者们的研究领域扩展到了特定的群体，例如儿童、企业和弱势群体（如残疾人、老年人和低收入家庭），探索如何根据这些群体的特殊需求和条件制定更为有效的防灾减灾策略。此外，学者们也开始评估防灾减灾规划的实施效果，识别在实施过程中可能遇到的制约因素，以及对规划方法论本身的反思和修正。同时，还强调了非政府组织（NGOs）的参与对于防灾减灾规划的重要性。非政府组织在灾害预防和准备、紧急响应，以及灾后重建等方面往往发挥着至关重要的作用。它们在社区层面的密切联系和灵活性，能够有效地补充政府部门的工作，并且在资源分配、信息传递以及支持弱势群体方面能发挥特有的优势。此类研究推动了防灾减灾规划的融合性发展，使得防灾减灾规划不再仅仅是政府的任务，而是多方参与者共同协作的结果。这种融合性不仅体现在不同政府部门的协调合作上，也体现在公私部门以及社会组织之间的合作上，以确保防灾减灾规划的全面性和有效性。通过这种跨部门、跨领域合作，可以更全面地识别和解决灾害风险，更有效地动员社会资源以应对潜在的灾害挑战。

（4）韧性理论研究

"韧性"这一概念自提出以来，在不同的学科领域演化出多种解释和应用。加拿大生态学家 Holling 在 1973 年首次引入这一概念至生态学领域，旨在描述一个生态系统面对外来干扰时，其维持和恢复功能和结构的能力。Holling 的这一定义为后来各学科关于韧性的讨论奠定了基础。进入 21 世纪以来，"灾害韧性"开始成为灾害风险管理和气候变化适应讨论中的一个关键术语。这不仅是因为灾害的影响范围和频率的增加，也是因为人类对于风险的认识和管理能力的提升。联合国国际减灾战略（UNISDR）与其他国际组织合作，推动灾害韧性的概念普及和其在全球范围内的实施。这些机构强调，降低潜在的风险，并增强社区、组织和社会对未来灾害的应对和恢复能力，对构建一个更安全、更可持续的世界至关重要。随着对韧性研究的深化，学者们认识到学习和适应是构成韧性的核心。人类社会和社会—生态系统的互动成为研究的一个重要方面，强调社会和人文要素在韧性构建中的作用。从这一视角认识到，社会和生态系统不是独立存在的，它们通过人类活动紧密相连，相互影响。研究范围的拓展也使"韧性"一词在工程学、社会学和城市规划等领域得到应用，内涵更加丰富。在这些领域，"韧性"指的不仅是抵御灾害的物理能力，还包括社会系统和组织机构在面对不确定性和冲击时的适应、恢复和转型能力。2002 年世界可持续发展峰会将提高社会对自然灾害的韧性作为其倡议之一，进一步推动了这一概念的发展。联合国减少灾害风险办公室（United Nations Office for Disaster Risk Reduction，2012）将韧性定义为"暴露于致灾因子下的系统、社区或社会及时有效地抵御、吸纳和承受灾害的影响，并从中恢复的能力，包括保护和修复必要的基础设施及其功能"。随着越来越多的学者和决策者对韧性概念的关注，"韧性"成为第三届联合国减灾大会的主要议题，反映了全球对于抵御灾害风险和建设更加韧性社会的共同关注。在城市安全领域，"韧性"逐渐成为衡量城市应对和恢复能力的关键指标。城市的韧性体现在居民、社区、国家甚至整个系统在灾害发生时的应对、适应和恢复能力。这包括对环境变化和干扰的恢复能力，灾害预防、准备和响应的各个方面。安全韧性城市不仅要求城市能够有效地抵御灾害带来的冲击和压力，还要求在发生灾害时，城市系统能够迅速恢复并维持其结构和功能。此外，安全韧性城市还应在恢复过程中能适应新的环境条件，调整和发展，以应对未来可能的挑战。这就要求城市规划和管理部门在制定策略时，不仅要考虑如何建设强大的基础设施，还要考虑如何培养社区和居民的韧性，以及如何创建可持续的社会经济系统。

在全球范围内，对于安全韧性的概念的认识和应用已经被广泛地融入防灾减灾工作中。国家和组织通过审视自己城市发展的特点和面临的灾害风险，制定了一套具体的韧性策略。这些策略不仅广泛涉及对各种常见灾害如飓风、高温、洪水、地震的预防和应对，而且注重实际操作性和有效落实，以确保成效。美国联邦紧急措施署（FEMA）在历经飓风卡特里娜和桑迪等灾难之后，特别加强了沿海地区的防洪能力，同时推出了多个项目，如"100 Resilient Cities"计划，该计划的目的是增强城市在面对各种潜在灾害时的应对能力。这些项目旨在通过城市基础设施的强化和社区应急准备能力的提高来提升城市的整体韧性。荷兰作为一个大部分地区低于海平面的国家，采取了创新的工程措施来对抗海洋带来的潜在威胁。其中最知名的"三角洲工程"和"筑路工程"通过构建一系列防洪堤、风暴潮闸等防洪设施，有效地提高了这个国家抵御洪水的能力。新西兰在2011年基督城地震之后，重新审视了建筑规范，推动了"Resilient New Zealand"的框架的建立，意在全方位提升国家在灾害之后的应急响应和恢复重建的实力。孟加拉国面对频繁的洪水和风暴潮威胁，实施了提升社区韧性的多种措施，包括进行灾害风险教育、建造避难所，以及提升农业的灾害适应能力。日本致力于提升城市防灾韧性，实施一系列抗震抗灾升级改造措施（涵盖建筑物、农业用地和居民用地），以增强城市抵御自然灾害的能力。尼泊尔采用更加抗震的建筑设计，并且通过提升社区的灾害应急能力来增强韧性。美国芝加哥则通过实施绿色建筑和有效的洪水管理策略，来打造一个安全、富有韧性且宜居的城市环境。这些措施不仅提升了城市对自然灾害的抵御能力，而且还带来了更舒适和可持续的居住条件。这些举措展示了如何通过综合的规划和措施，将安全韧性的理念转化为具体行动，以减轻自然灾害可能带来的影响。通过这种方式，不仅增强了城市的防灾减灾能力，也提升了居民的安全感和生活质量。

（5）韧性评价

为了全面提高城市在面对自然灾害时的应对能力，众多机构和组织从城市规划、灾害应对到社会治理的多个维度，开发了城市灾害韧性评估体系。这一体系的设计是为了确保城市在各个关键领域，如基础设施、交通、能源、人口建筑、经济、社会文化、技术、政府组织以及生物环境等领域，都具备抵御未来可能的自然灾害风险的能力。通过深入的风险评估，这一体系致力于保障城市的水电燃气、医疗救援、应急系统、生命线工程（如关键通信和供电线路）、居民的安全，以及供应链和物流的稳健性。这样的评估可以为城市规划者和决策者提供宝贵的指导，帮助他们在灾害发生前、中、后的各个阶段制定有效的策略，降低灾害影响，快速恢复正常运作，并最终提高城市的适应能力。评估过程中，机构和组织首先识别城市现有的防灾减灾资源和能力，然后通过对城市进行综合的韧性评价，预判和决策如何进一步强化和提升城市的韧性。城市韧性评价大致可以分为两种方法：定性评价和定量评价。定性评价关注整个灾害管理周期，包括预防、准备、响应和恢复等不同阶段。通过比较灾害发生前后的变化、实施跟踪反馈机制、促进参与式学习，以及运用多维综合评价方法，评估城市的韧性水平。其结果通常以高、中、低三个等级来描述。定量评价则侧重于选取与城市韧性相关的指标，并通过专家打分、层次分析等方法来确定这些指标的重要性。接着，通过对收集到的数据进行加权处理，最终以数值形式呈现出城市的韧性评估结果。综合使用这两种评价方法，可以帮助城市规划者全面了解当前的韧性状况，明确提升韧性的目标和策略，从而做出更加明智的规划和决策，提升城市对自然灾害的整体抵御能力。

随着城市韧性的概念从理论阶段逐渐转入实际操作阶段，大量的研究开始致力于如何对这一复杂的概念进行准确的评估和度量。这些研究尝试通过不同的视角和方法，建立一个能够全面捕捉城市韧性多维特性的指标体系。在建立评估体系的过程中，学者们首要任务是对城市韧性进行明确的定义，并从该定义出发来确定评价指标。Cimellaro 等（2010）认为城市韧性应当从技术、组织、经济和社会这些关键维度来识别和评估，这种观点强调了一个多方面的评估框架，认为城市的韧性不仅包括基础设施的稳固，还包括组织结构的弹性、经济系统的恢复力以及社会的应变能力。Shaw 等（2014）提出应该通过网络和学习的能力来衡量城市的韧性。这种观点将重点放在城市系统内部各个元素之间的关联度以及城市整体的学习和适应进化能力上。Lam 等（2017）聚焦于灾害发生时的三个关键阶段：暴露、损害和恢复，建议从这些方面构建评价指标。这种方法着眼于城市在灾害发生时的脆弱性，以及其恢复和重建的速度和效率。Wardekker 等（2021）、Godschalk 等（2003）认为城市韧性的度量应该包含人类行为、文化和政策等因素。他们认为，城市抵御灾害的能力与当地居民的行为模式、文化传统以及政策支持有着密切的联系。Porfiriev 等（2014）提出从自然、社会、政治、人力、经济和资本六个角度来构建韧性的指标体系，强调了自然环境和人文因素以及政策资源如何共同影响城市的抗灾能力。

在确定了城市韧性的主要识别点之后，评价和评估工作随之展开，其主要侧重于城市的能力、所经历的过程以及达成的目标等关键方面。这些评估活动旨在衡量城市对抗和适应灾害的综合能力，从而指导城市在未来灾害发生时的准备和响应措施。世界银行意识到气候变化对城市构成的挑战，特别是在东亚地区，因此出版了《气候适应性城市：东亚城市降低气候变化脆弱性和改善灾害风险管理的指南》（2008）一书。这本书为东亚城市提供了实用的策略和方法，助力这些城市提高应对不断变化的气候条件和灾害的韧性，推动可持续发展。Foster 等（2007）从城市作为一个复杂巨系统的视角出发，应用系统理论来研究和评估城市韧性。在这种视角下，城市被视为一个由多个相互关联且相互依存的子系统组成的整体，每个子系统的健康状态和功能都对整体韧性产生影响。Bruneau 等（2012）侧重于从工程韧性的角度来分析并评估城市基础设施。他们提出建模方法来模拟和衡量城市系统的韧性功能，意在理解和预测基础设施在灾害面前的行为和反应。Cutter（2014）认为采用评价功能变化曲线模型研究城市韧性，一般只考虑基础设施单个维度，忽略了存在于城市中并影响基础设施的许多因素，如社会和经济因素，因此建议应将评估韧性的指标体系搭建在社会、经济、组织、基础设施和生态这五个主要维度上。她进一步强调，一个全面的评估体系应该包括社区资产、基础设施质量、灾害风险、人口素质、社会服务等方面，以更精确地衡量城市的韧性。这些不同的研究和方法表明，城市韧性评价是一个多维度、跨学科的任务，需要综合考虑城市的多个方面和功能，以及这些方面在灾害发生时的表现和相互作用。通过这些综合评估，城市规划者和决策者可以更好地理解城市在面对灾害时的脆弱性和应变能力，并据此制定更有效的策略和措施来增强城市的韧性。

1.3.2 国内研究现状

（1）城市防灾减灾理念研究

我国防灾减灾体系的建设是以"一案三制"，即预案、法制、机制、体制为核心框架的。这套体系旨在为灾害发生前的准备、灾害发生时的应对和灾害后的恢复提供全面的规划和支持。《国家综合防灾减灾规划(2016—2020)》确立了十个关键任务领域，这些领域包括：完善法律体系、建立健全体制机制、提升监测预报预警能力、优化紧急处置流程、加强工程防御建设、发挥科技在防灾减灾中的支撑作用、增强基层社区抵抗灾害的能力、动员市场和社会力量参与救援工作、加强宣传教育以提高公众的防灾减灾意识，以及拓展国际交流与合作。《城市规划基本术语标准》

（GB/T 50280-98）将城市防灾解释为："为抵御和减轻各种自然灾害和人为灾害及由此而引起的次生灾害，对城市居民生命财产和各项工程设施造成危害和损失所采取的各种预防措施。"在我国早期的防灾减灾实践中，城市综合防灾主要从两个角度进行理解：全面的灾害规划和灾后全局的统一安排。然而，随着 2019 年《城市综合防灾规划标准》的发布与实施，综合防灾的理念得到了进一步深化与发展。这一理念不仅针对各种自然灾害，还涵盖社会事故、重大安全风险点以及公共卫生事件。它强调在城市安全布局、资源整合、体系构建和设施配置等方面采取综合防护措施和行动。随着对综合防灾减灾理念的不断深化，现阶段的理解认为"综合减灾"既包括对各种灾害的综合防治，也包括社会的广泛参与、综合手段的运用，以及在时间上的持续性和空间上的区域协同。在这一背景下，李永祥（2015）强调防灾活动是指在灾害发生之前所进行的所有准备工作，旨在预防灾害发生或减轻其影响；而减灾则是一个更广泛的概念，涵盖救灾、灾后恢复重建以及生产生活复原等活动。在城市灾害风险管理体系中，防灾是整个工作的核心，而减灾则是最终的目标，也是衡量防灾工作成功与否的关键指标。

（2）城市防灾减灾内容研究

在中国，城市防灾减灾的理论研究不断深化，得益于灾害学、城市学、环境科学等多个学科间的相互交叉与融合。学者们提出了一套综合性的风险管理框架，旨在应对城市特定的挑战，如高密集的人口分布和复杂多变的基础设施网络。基于这一框架，研究人员开发了一系列符合中国国情的灾害评估方法，能够涵盖地震、洪水、台风等多种灾害类型的风险分析。随着城市韧性概念的引入与普及，理论研究开始关注城市在灾害发生后的快速恢复能力，这种能力不仅涉及对物理设施的修复，还包括社会经济系统的快速复原。这种全面的恢复能力被认为是衡量城市应对灾害能力的重要指标。从政策与法规的角度来看，中国已经建立了较为完备的法律法规体系来支持防灾减灾工作。《中华人民共和国防灾减灾法》不仅提供了法律框架，而且激励了各级政府和社会各界参与防灾减灾活动。国家的减灾规划则明确了防灾减灾工作的具体步骤与目标，为减少灾害带来的损失指明了方向。中国积极参与国际灾害风险减少活动，执行联合国的减灾框架规定，并与国际组织展开交流与合作，不断提升国内策略的国际兼容性和专业性。在技术创新方面，国内研究者正在探索和利用先进科技手段来增强城市的防灾减灾能力，尤其在提升预警系统和快速响应机制方面进行了大量工作。例如，遥感技术和地理信息系统（GIS）在灾害监控和风险评估中的应用日渐广泛，为灾害管理提供了高精度的实时监测数据。同时，大数据和人工智能等前沿技术在灾害数据分析和模式识别方面显示出巨大的应用潜力，有效推动了智慧城市在灾害应急管理领域的发展。在城市规划和基础设施建设方面，中国正逐步将防灾减灾的理念和措施融入城市发展的核心规划中，对不同类型的自然灾害采取了一系列针对性的措施，包括但不限于城市排水系统的现代化改造、执行更严格的地震安全建筑标准，以及发展绿色基础设施等，这些举措显著提高了城市抗击自然灾害的能力，为居民的生命财产安全提供了更坚实的保障。

（3）城市防灾减灾应对措施研究

防灾减灾规划是一种系统性方法，它旨在通过事先的部署有效预防和减轻灾害的影响。这种规划内在具有强烈的"未来导向性"，意味着所有的计划和布置都是为了预见并应对未来可能发生的灾害。防灾减灾规划不单单是灾害管理过程中关键的战略布局，更是对各个流程方法和手段的巧妙组合与完善。其目标在于，在城乡规划的宏大框架内，实施全面的战略部署并提供行动导向。《城市综合防灾规划标准》为我们提供了对防灾减灾规划的分类解读，分别是城市综合防灾专项规划和城市规划中的防灾规划两个方面。城市综合防灾专项规划在内容上更为丰富和深入，它不仅包括基本的灾害防范措施，而且扩展到综合防灾评估、应急保障规划等更为细致的方面。这种规划所包含的内容和策略的综合性和深度，使其成为当今学术界的一个热点问题。另外，《中华人民共和国城乡规划法》中虽然明确了城市综合防灾专项规划的存在，但并未将其纳入法定规划的范畴。这意味着该规划在法律上不具备与法定规划相同的权威性和强制性。在实际的规划编制过程中，随之而来的问题是附属于法定规划的"城市规划中的防灾规划"在规划内容的深度和管理程序的严谨性方面的不足。这导致了灾害预防和管理方面的一定程度的脆弱性，因此亟须通过补充和修订来提高其实际效用和执行力。总而言之，防灾减灾规划是一种必不可少的综合性方法，它涵盖了从预防到应对各个阶段的策略，需要在理论与实践、法律与政策、技术与执行之间寻找到合适的平衡点。未来的努力应当集中在提升规划内容的深度、扩大法规的覆盖范围、提高管理程序的严密性，以及推动规划实施的有效性上。这些措施将加强规划的全面性和可操作性，从而更好地减轻灾害风险和提升社会的整体抵御能力。

20世纪50年代，中国城市规划便已关注城市灾害防治问题，并开始明确将其作为整体规划的一部分。然而，尽管已有一定的基础，但尚未形成一套系统且科学的编制方法。由于当时对综合灾害认识有限且对防灾重视程度不足，在整个城市规划中，防灾规划只是一个独立的章节，被划分在工程规划的领域，与城市规划中的公共设施建设、城市系统建设、空间布局等方面的交集相对有限。此外，防灾规划的策略相对固定，主要聚焦于地震、战争、洪水等常见灾害，侧重于针对单一灾种制定防灾原则。进入21世纪，尤其是2008年汶川地震之后，国家逐步重视综合防灾规划，并加深对其的理解。参照中华人民共和国《城市综合防灾规划标准》（GB/T 51327－2018）和美国的《减灾法案2000》，国内开展了大规模的综合防灾规划编制实践，内容涵盖了灾害风险分析、明确规划目标、拟定具体规划策略与措施，以及规划的实施与监督等方面。这些实践通过对不同灾种的风险进行评估并考虑它们之间的相互影响，尝试制定出集合了多种灾害防治的综合性规划策略。然而，多灾种风险评估过程中，风险指标体系的主观性和基于历史灾情数据的叠加分析的不准确性，可能造成较大的预测误差，使得灾害风险的客观反映受到影响。此外，现阶段关于多灾害致灾因子耦合度量的研究，无论是理论框架、技术手段还是方法论，都尚存在不足。2010年之后，随着气候变化研究的突破和城市韧性概念的提出，中国开始探索建立更为弹性的城市，以增强城市的防灾能力。在面对致灾因子存在不确定性的情况下，国内许多大型城市通过提升城市的物理空间和基础设施的抗灾能力来减少灾害风险。城市综合防灾的策略被整合进土地使用规划、市政基础设施建设等城市规划的各个子系统中，从而建立起具有高度韧性的城市子系统。当前的城市规划工作，将城市视为一个有机整体，通过全面风险管理的战略部署和具体行动，致力于提升城市的韧性、适应能力和安全性，最终达成防灾减灾的系统性融合。

（4）韧性理论研究

中国在城市韧性的研究领域起步较晚，且相对于国际研究成果来说，基础尚显薄弱；理论研究尚处于起步阶段，特别是在定量研究方面的成果还相对较少。面对灾害频发给城市带来的日益严峻的冲击，中国开始高度重视城市的抗风险能力，并致力于推动城市的可持续发展。在城市韧性的研究领域，当"resilience"这一概念首次被引入中国灾害研究时，被翻译为"恢复力"。然而，随着对这一概念理解的深入，2012年后，"弹性"这一翻译越来越受到青睐，因为它更贴近城市适应性规划的观念。进一步的研究表明，韧性一词更能准确地传达"resilience"这一概念，即"在系统受到干扰时，为适应未来的不确定因素而对其进行自我调节"，并因此广泛应用到城市管理中。在借鉴国外关于城市韧性的概念和理论基础上，国内学者展开了进一步的分析与探讨。例如，黄明华等（2012）提出城市发展的限制因素应该是"刚性"与"韧性"的有机结合，这一观点在城市土地使用的科学规划中具有至关重要的意义。黄晓军等（2015）则总结和归纳了国外学者关于城市韧性的内涵与影响因素的研究成果，并试图将韧性思维融入城市规划框架之中，为未来城市韧性建设规划策略。李鑫等（2017）提出，鉴于国内关于城市韧性的研究目前仍在初级阶段，亟须对城市韧性的概念、内涵、特性以及研究框架进行详细的梳理。这样可以归纳出城市韧性发展的规律，并借鉴国际经验教训，为城市韧性建设的未来提供有益的参考。周利敏（2016）通过总结国际案例，提出韧性城市应具有的特性，如自省能力、鲁棒性、冗余性、应变能力和包容性。黄富民等（2018）强调了韧性在城市公共安全建设中的重要性，并对"城市韧性"

与"传统防灾"这两个概念进行了区分，明确指出城市韧性应包括的特征，如冗余性、流动性、扁平性、鲁棒性、动态平衡性。许婵等（2020）系统地分析了中国城市韧性的内涵，并构建了评价模型，根据评价结果提出相应的优化策略和发展对策，为中国城市韧性研究开辟了新的思路。翟国方（2018）探讨了城市韧性理念在城乡规划建设中的应用，为新时代的城市建设提供了新的视角和思考。从整体上看，国内学者正通过跨学科的合作，逐步丰富和深化城市韧性的研究理论，以应对日益严峻的城市灾害挑战。

国内外学者对城市韧性的概念、发展历程以及其实践在城市发展中的应用进行了广泛而系统的研究，这些研究为中国构筑具有应对多样化风险能力的城市韧性体系提供了行之有效的方向和方法。周利敏（2016）针对国外城市韧性的研究进行了梳理，将韧性概念细分为系统性、扰动应对、能力提升和恢复能力四种不同的理论视角，并特别指出在城市风险管理过程中，应重点发展恢复秩序的能力。景天奕等（2016）从城市韧性的内涵出发，对国内外的研究现状进行了阐述。他们通过比较不同国家的城市韧性评价指标体系，指出考虑空间尺度的地区评价内容和指标组成存在地域差异性，因此，提出在构建中国城市韧性指标体系时，应充分结合中国的国情和城市发展的具体状况。陈玉梅等（2017）在对韧性相关概念、评价指标和理论模型进行综合比较分析的基础上得出结论，认为中国城市韧性的建设应以政府主导、多方利益相关者协作为主要方式。这种方式能够更好地整合资源，形成有效的韧性提升策略。邓位等（2016）从韧性的角度出发，深入研究了英国防洪减灾的政策法规，并在此基础上探讨了与"国家安全战略"相关的"四阶段"防灾经验。他们认为，中国可以借鉴英国在防洪减灾方面的成功案例，制定长期的防洪韧性目标和规划。谢起慧（2017）则从城市韧性规划的整个流程出发，总结了发达国家在城市韧性规划的制定和实施过程中的经验，并基于此提出了对中国城市韧性发展的具有创新性的建议。这些建议可能涉及规划方法、政策制定以及实施机制等多个方面，旨在推动中国城市韧性理论与实践的进一步发展。综上所述，国内外专家学者的研究成果为中国城市韧性的建设提供了理论支撑和实践指导，强调了政府主导下的多方参与、考虑地域差异性的评价体系建设，以及借鉴国际经验以制定符合国情的韧性发展策略的重要性。通过这些研究，中国城市韧性建设的路径将更为清晰，实践操作性也将更强。

（5）韧性评价

在近年来的城市韧性研究中，我国学者取得了一系列重要成果，尤其在评价方法和评价体系的构建方面。他们的研究普遍采用了综合性的指标体系，涵盖了生态、城市规划、基础设施和工程等多个领域，反映了城市韧性研究的多维度、多层次特点。在研究尺度上，主要聚焦于评价我国主要城市、省域、市域乃至特定地区或城市群的韧性。具体来说，周利敏（2016）和李刚（2018）等通过五个维度——经济、社区、灾害应对、组织和基础设施构建了一个全面的城市韧性评价体系。他们运用熵值法，不仅成功地推测了城市的整体韧性水平，还深入分析了城市各子系统的韧性状况，并揭示了这些子系统随时间推移而变化的动态趋势。刘江艳（2014）以武汉市为研究区，从经济、生态、社会和工程四个角度系统构建了城市韧性评价体系，并对武汉市的韧性水平进行了具体分析。李亚等（2017）从城市灾害的角度出发，运用韧性基线模型对我国288座城市进行灾害韧性评估。张明斗等（2018）通过层次分析法对中国30个主要的地级市进行了韧性水平的测量分析，发现这些城市的韧性水平总体呈现出一种波浪式的上升趋势。孙阳等（2017）从社会—生态系统的视角，构建了城市韧性评价指标体系，并对长三角地区的16个地级市的城市韧性进行了具体研究。陈晓红等（2020）基于"生态—经济—社会—工程"的评价体系对哈长城市群城市韧性进行综合测度，并利用BP神经网络模型进行动态模拟，旨在预测未来的韧性变化趋势。杨雅婷（2016）专注于城市社区韧性评价体系的构建，并通过熵权法对评价指标的权重进行了深入研究，以识别并分析影响城市社区韧性的关键因素。缪惠全（2021）从灾害恢复的角度出发，针对31个省域城市，基于救援、避难、重建和复兴这四个阶段，结合政府管理等五个维度建立了 ReCOVER 韧性评价体系，并针对提高城市灾后恢复的韧性提出了相应的策略。总体来看，这些研究不仅丰富了城市韧性的理论框架，而且为城市韧性评估提供了多元化的工具和方法，对促进城市的可持续发展和提高抗灾能力具有重要的指导意义。

1.3.3　河南省相关领域研究评述

（1）灾害史的研究非常丰富，但城市灾害史的研究相对欠缺

河南省是我国灾害最为严重的地区之一，历史上各种灾害反复蹂躏这片古老的土地。研究往往以时间和事件为主线，对河南省历史上的旱灾、洪涝、风暴、冰雹、地震、雨雪、蝗灾等主要灾害类型开展了深入的研究，《河南"75·8"特大洪水灾害》（河南省水利厅，2005）、《河南蝗虫灾害史》（吕国强、张金良，2014）、《黄河历史洪水调查、考证和研究》（史辅成、易元俊，2012）等学术专著多以特定灾种或区域开展河南省灾害史的研究。对于河南省的气象灾害，庞天荷等编著的《中国气象灾害大典·河南卷》（2005）记载了河南省从公元前1804年到公元2000年发生的各种气象灾害状况。温彦等编著的《河南自然灾害》（1994）则对河南境内发生的气象、地质、生物等方面灾害进行了叙述，并给出了相应的对策建议。渠长根主编的《功罪千秋——花园口事件研究》（2003）对黄河泛区形成、灾害情况、善后和影响等方面作了较为详尽的论述。苏新留主编的《民国时期水旱灾害与河南乡村社会》（2004）采用文献研究法和实地考察法，论述了民国时期河南省的水旱灾害情况、灾荒对乡村民生和乡村经济的影响等。

许多论文对河南自然灾害的灾情、成因、影响及救灾对策进行了探讨，主要有马雪芹（1998）的《明清河南自然灾害研究》、向安强等（2005）的《略论明清以来河南旱灾》、苏全有（2003）的《有关近代河南灾荒的几个问题》、王鑫宏（2009）的《河南"丁戊奇荒"灾情与社会成因探析》、张九洲（1990）的《光绪初年的河南大旱及影响》、苏新留（2004）的《民国时期河南水旱灾害初步研究》、阎秋凤（2007）的《民国时期河南自然灾害原因探析》、曹凤雷（2007）的《1936—1937年河南

旱灾述评》、崔铭（1994）的《河南省 1942—1943 年旱、风、蝗灾害略考》等。

相较而言，关于河南省城市灾害史的研究文献不多，主要集中在洛阳水灾、地震（朱宇强，2009），开封洪水、旱灾（方湖生，1992）等方面。

（2）城市防灾减灾技术层面的研究较多，但管理层面的研究相对较少

结合韧性城市建设，许多学者从工程和技术的角度开展了丰富的城市防灾减灾研究。主要集中在城市灾害形成机理（彭然，2021；祝艳波等 2021）、城市灾害评价（屠水云等，2021；苏航等，2021）、防灾减灾城市规划（易立新，2008；姜珊珊，2012；王慧彦，2021）、建筑物防灾减灾设计（公伟增等，2019；段宝福等，2020）和防灾减灾监测（廖昕，2021；龚雪鹏等，2021）方面。

在"十二五"以前，对河南省城市防灾减灾管理层面的研究集中在城市防灾减灾主要意义、现状分析、工作经验、基本对策和建议方面（林富瑞，1991；王志华，2002；张宇星，2004），随着《河南省综合防灾减灾规划（2016—2020 年)》的出台，基于城市面临越来越大的防灾减灾压力，加上防灾减灾科技不断进步，不少学者结合具体城市，分析了城市防灾减灾现状、经验、国际比较、评价、政策、措施。但总体而言，这些研究缺乏系统性、深入性和前瞻性，特别是结合现代科技（互联网、大数据、物联网、云计算、人工智能、区块链）开展城市防灾减灾方面的研究仍显不足。

（3）城市防灾减灾规划全面，但城市防灾减灾支撑体系研究不足

随着《国家综合防灾减灾规划（2011—2015 年)》的出台，全国各省、市、县（区）乃至乡镇和行业、企业都先后出台了多项综合防灾减灾规划，规划总结了成就、分析了面临的挑战和问题，明确了规划的指导思想、基本原则和目标，确定了主要任务，制定了重点工程，提出了保障措施。这些规划都很全面，但缺乏前瞻性、系统性，特别是支撑体系，多为空泛的文字表述，难以落地。

许多学者对规划建言献策，甚至直接参与制定了城市防灾减灾规划。不少学者从组织领导、经费、工程、人才等方面研究了城市防灾减灾支撑体系，但前瞻性、创新性和系统性都不够，亟须开展研究。

1.3.4 评价

现代社会防灾减灾的工作备受重视，这一点在《国家综合防灾减灾规划（2011—2015 年)》的出台及其所引发的一系列地方性规划中得到了充分体现。这些规划文件普遍覆盖了成就总结、挑战分析、指导思想、基本原则、目标设定、主要任务、重点工程和保障措施等诸多方面，显示出在全国范围内对防灾减灾工作的系统规划和高度重视。

然而，通过对相关文献的综述分析，我们发现存在以下几个主要问题。

第一，尽管规划文件在内容上较为全面，但在实践中往往缺乏前瞻性和系统性，特别是在支撑体系的建设方面较为薄弱，这导致规划的具体执行细节和落地措施不足。

第二，虽然有学者为此提出了建议，甚至参与到城市防灾减灾规划的制定中，但对于如何构建一个更具前瞻性、创新性和系统性的支撑体系，目前的研究仍显不足。

第三，现有研究工作在组织领导、资金分配、人才培养等方面虽有所探讨，但与前沿技术如智能化管理、大数据、人工智能等的结合仍处于初级阶段，并未深入挖掘这些技术在防灾减灾中的潜力。

在评述这一体系的文献时，我们认为，未来的研究需要关注几个核心方向：

一是如何增强规划的前瞻性，即预见未来可能的灾害和挑战并提前准备对策；

二是如何提高规划的系统性，将防灾减灾工作嵌入城市管理和社会治理的整体框架中；

三是如何利用现代科技创新，尤其是信息技术的发展来提升防灾减灾体系的效率和响应能力。

总体来说，现有文献为我们提供了宝贵的信息和启示，指出了当前防灾减灾规划工作中的不足与挑战，同时也为未来的研究和实践指明了方向。实现防灾减灾工作的深入发展，确保其科学性、系统性和有效性，需要综合考虑多学科知识，实现多方位的协同合作。

1.4 河南省相关领域研究展望

（1）深化城市灾害史的研究

多难兴邦，多灾的河南孕育了丰富的河南省灾害史研究成果。未来要更加重视对河南省城市灾害史的研究，主要集中在史料整理及研究、荒政制度、区域灾害史、赈灾实践等领域，并且要从文化层面重新审视、思考城市灾害历史，发现城市灾害史研究的新面向，培育城市灾害文化，实现促进人文以及更广泛领域及学科的跨界思考及研究，为现代城市防灾减灾提供史料和文化支撑。

（2）加强管理层面的研究

相对于技术层面的城市防灾减灾研究而言，未来要更加关注城市防灾减灾管理层面的研究。一方面，要通过技术手段，特别是运用现代科学技术做好城市防灾减灾基础工作；另一方面，要加强宏观和微观两个层面的城市防灾减灾管理研究，重点是运用互联网、大数据、物联网、云计算、人工智能、区块链技术等现代前沿科技，做好城市防灾减灾管理研究工作。

（3）细化支撑体系的研究

在新的时代背景下，城市防灾减灾工作得到了前所未有的关注和重视，从中央到地方，先后出台了防灾减灾规划，明确防灾减灾指导思想、目标和任务等，但目前规划中对于支撑体系的研究还不是很具体，缺乏系统性，特别是可操作性差，很多难以落地。未来需要开展城市防灾减灾支撑体系的研究，运用前瞻性、系统性和创新型的思维模式，提供可操作性的支撑体系，有效推动城市防灾减灾事业高质量发展。

1.5 研究方法、研究思路和研究内容

1.5.1 本书拟采用的研究方法

(1) 实地调研法

赴北京、广东、江苏、安徽等地区，对相关政府机关、科研院所和有关专家进行走访调查，分析不同地区城市防灾减灾规划的战略安排与思路，为河南大中城市防灾减灾支撑体系研究提供思路和借鉴。

(2) 案例分析的研究方法

通过对美国洛杉矶、日本神户和中国深圳、合肥、洛阳等国内外防灾减灾能力较强的城市的防灾减灾支撑体系进行剖析，分析各种影响城市防灾减灾支撑体系的因素。

(3) 定量分析法

基于韧性城市理论，采用指数模型，对城市防灾减灾支撑能力进行量化分析。运用矩阵分析、雷达图、方框图和 GIS 等方法和工具，研判问题，精准施策，补齐短板，为具有前瞻性的城市防灾减灾支撑体系建设提供支撑。

(4) 专家咨询

定期召开研讨会、咨询会等，充分征求和吸收有关专家的意见和建议，对著作各部分进行全面把握。

1.5.2 研究思路

首先，本书利用文献研究法，对相关研究现状进行梳理，明晰韧性城市理论和灾害系统理论。其次，基于灾害系统理论采用 ND – GAIN 指数模型评估河南省大中城市防灾减灾能力。再次，基于韧性城市理论采用指数模型测度河南省大中城市防灾减灾支撑能力。进一步地，利用文献研究法总结国内外大中城市防灾减灾支撑体系建设经验及启示。最后，从城市防灾减灾支撑能力维度，提出河南省大中城市防灾减灾支撑体系建设建议。本书的技术路线如图 1 – 1 所示。

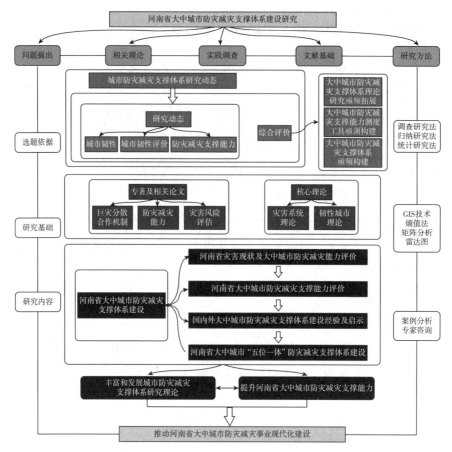

图 1−1　本书的技术路线

1.5.3　研究内容

本书以河南省大中城市防灾减灾支撑体系为研究对象，聚焦于设计一套具有河南省地方特色的大中城市防灾减灾支撑能力指数评价体系，旨在为科学评价河南省大中城市防灾减灾支撑能力提供新的方法和手段，为丰富和发展大中城市防灾减灾支撑体系建设理论，提升河南省大中城市防灾减灾支撑能力，推动高质量建设现代化河南贡献力量。本书共分为八章：

第 1 章　绪论。在概述本书的研究背景、研究目的及研究意义的基础上，对河南省城市防灾减灾支撑体系建设研究进行文献综述，对本书的技术路线、研究方法和研究内容等进行介绍。

第 2 章　相关概念与基础理论。主要介绍韧性城市理论和灾害系统理论,并概述了大中城市、城市韧性、防灾减灾支撑体系等概念。

第 3 章　河南省灾害现状及城市防灾减灾能力评估。首先,对河南省区域概况和河南省灾害现状进行统计性分析。其次,基于圣母大学全球适应性指数(ND - GAIN)评价模型,构建符合河南省省情的防灾减灾能力评价指标体系,对 2021 年河南省大中城市防灾减灾能力进行评价,为构建河南省大中城市防灾减灾支撑体系提供参考。

第 4 章　河南省大中城市防灾减灾支撑体系构建。首先,根据城市防灾减灾支撑体系的定义,并结合国家和地方防灾减灾规划等文件和国内外相关研究,遵循评价指标体系构建的系统性、层次性、有效性等原则,梳理并建立指标备选库。其次,收集评价指标数据并运用相关性分析方法筛选指标,研制一套具有河南省省情的地方特色城市防灾减灾支撑能力评价体系。最后,明确使用熵值法计算城市防灾减灾支撑能力指数。

第 5 章　河南省大中城市防灾减灾支撑能力评价与分析。首先,分析河南全省和大中城市防灾减灾支撑能力变化的时空特征。其次,分析河南全省和大中城市经济、社会、基础设施、生态和防灾减灾管理支撑能力变化的时空特征。通过以上比较分析,总结出河南省及各大中城市防灾减灾支撑能力方面的优势和劣势,为有针对性地提出河南省大中城市防灾减灾支撑能力提升策略提供参考。

第 6 章　中国大中城市防灾减灾支撑体系建设。本章首先梳理中国大中城市防灾减灾支撑体系建设进程和成就,进而得出防灾减灾支撑体系建设中的问题并提出有关展望。

第 7 章　国内外大中城市防灾减灾支撑体系建设经验及启示。本章主要对日本神户市、美国洛杉矶市和中国合肥市、深圳市、郑州市、洛阳市防灾减灾支撑体系建设经验和模式进行总结,得出河南省大中城市防灾减灾支撑体系建设的启示,为推进河南省大中城市防灾减灾支撑体系建设提供经验参考。

第 8 章　河南省大中城市"五位一体"防灾减灾支撑体系建设。首先，明确河南省大中城市防灾减灾支撑体系建设的指导思想和基本原则；其次，基于经济、社会、基础设施、生态和管理五类防灾减灾支撑体系（"五位一体"），提炼河南省大中城市防灾减灾支撑体系建设模式；最后，从经济、社会、基础设施、生态和管理五类防灾减灾支撑体系建设入手，明确能够落实到地市执行层面的建设路径。

第9章　研究结论与展望。

1.6　拟解决的主要问题及创新点

1.6.1　拟解决的主要问题

（1）理论问题

借鉴国内外大中城市防灾减灾支撑体系建设理论和方法，具体结合河南省省情，从灾害形成机理和城市韧性视角探索河南省大中城市防灾减灾支撑体系建设研究理论和方法，设计具有特色的大中城市防灾减灾支撑能力评价体系和评价模型，并运用矩阵图、雷达图、方框图、GIS 等进行分析，研究大中城市防灾减灾支撑能力指数变化时空特征，丰富和发展大中城市防灾减灾支撑体系建设理论研究范式。

（2）实践问题

一方面，通过分析河南省大中城市防灾减灾支撑能力指数时空分布特征，总结经验，提炼模式，推广大中城市防灾减灾支撑体系建设经验和模式；另一方面，通过研究河南省大中城市防灾减灾支撑能力演变特征，科学谋划，精准施策，有效提升河南省大中城市防灾减灾支撑能力，推进韧性城市和社会建设，促进高质量现代化河南建设。

1.6.2　主要创新点

（1）探索大中城市防灾减灾支撑体系建设理论和方法

一是构建大中城市防灾减灾支撑能力评价体系和评价模型。从自然灾害形成机理和城市韧性视角出发，基于河南省基本省情，构建城市防灾减灾支撑能力指数理论的一个整合分析框架，基于实地调研、深入访谈等研究手段，构建符合河南省的大中城市防灾减灾支撑能力评价指标体系和模型，探索大中城市防灾减灾支撑体系建设理论研究范式。二是分析大中城市防灾减灾支撑能力指数时空分布特征和演变规律。采用矩阵分析、雷达图和 GIS 等方法和工具，分析大中城市防灾减灾支撑能力指数时空分布特征，进行空间区划，绘制空间分布图。

（2）提出大中城市防灾减灾支撑体系建设政策建议

在评价和分析河南省大中城市防灾减灾支撑能力的基础上，按照"战略思维、问题导向、补齐短板、精准发力"的总体思路开展河南省大中城市防灾减灾支撑体系建设，要积极适应国际、国内形势的新变化，紧紧围绕河南省现代化经济体系建设、高质量发展这一新要求，坚持"四个面向"（面向世界科技前沿、面向经济主战场、面向国家重大需求、面向人民生命健康），探索河南省大中城市防灾减灾支撑体系建设模式与路径、建设成就及问题、指导思想和基本原则、主要任务、重点工程等，以此推动河南省大中城市防灾减灾支撑体系建设，促进韧性城市和社会建设，实现大中城市防灾减灾红利，普惠民生大众，推动现代化河南建设。

2 相关概念与基础理论

2.1 相关概念

2.1.1 大中城市

2005 年，国家统计局在依据城市的经济实力、住宅成交量、城市规模以及区域辐射力、区域代表性等基础上，将 70 个大中城市划定出来，涵盖了直辖市、各省会城市、除西藏拉萨市外的自治区首府城市、计划单列市，以及秦皇岛、唐山等 35 个特殊地缘城市。在这些城市中，河南省有 3 个城市入选，分别是郑州市、洛阳市和平顶山市。

根据国务院 2014 年 11 月颁布的《关于调整城市规模划分标准的通知》，统计口径基于城区常住人口，将城市分为五类七档，如表 2 - 1 所示。截至 2021 年底，按照此划分标准，河南共有 3 个小城市，11 个中等城市，3 个大城市和 1 个特大城市。

表 2 - 1　城市规模划分标准及河南省 18 个地级城市规模

城区常住人口数量	城市规模	河南省地级城市
20 万人以下	Ⅱ型小城市	无
20 万 ~ 50 万人	Ⅰ型小城市	驻马店市、济源市、三门峡市
50 万 ~ 100 万人	中等城市	安阳市、平顶山市、信阳市、南阳市、许昌市、焦作市、商丘市、周口市、濮阳市、鹤壁市

城区常住人口数量	城市规模	河南省地市
100 万 ~ 300 万人	Ⅱ型大城市	洛阳市、开封市、新乡市、漯河市
300 万 ~ 500 万人	Ⅰ型大城市	无
500 万 ~ 1000 万人	特大城市	郑州市
1000 万人以上	超大城市	无

根据河南省的人口规模和行政区划，我们将河南省的大中城市定义为18 个。这些城市包括郑州市、开封市、洛阳市、平顶山市、安阳市、鹤壁市、新乡市、焦作市、濮阳市、许昌市、漯河市、三门峡市、南阳市、商丘市、信阳市、周口市、驻马店市和济源市。这些城市在河南省的经济发展和行政管理中具有重要地位。

2.1.2　韧性及城市韧性

韧性（resilience）一词最初的含义是恢复力、弹力、顺应力，指的是在遭受挫折或压力后能够迅速恢复原状的能力。随着时代的发展和学科的整合，韧性的概念也一直在发生变化，并在不同领域中得到应用（见表 2 - 2）。"韧性"一词最早出现在工程学领域，加拿大生态学家霍林将其引入生态学，之后又逐渐转向人类生态学，21 世纪以来，"韧性"逐渐运用于灾害领域。灾害韧性是一个系统的内在能力，当遭到冲击或压力时，通过调整自身非核心属性来迅速应对、恢复及适应灾害并生存下去。从防灾减灾的视角来看，灾害韧性主要体现在三个方面的能力，一是有效缓解冲击或压力影响能力；二是高效恢复能力，即从冲击或压力中迅速恢复的能力；三是适应能力，即对冲击或压力的适应能力。

表 2 - 2　韧性内涵的发展

时间	阶段	概念	代表学者
19 世纪中叶	传统韧性	金属等物质在外力作用下发生形变后复原的能力	—
20 世纪40 年代	工程韧性	系统在受到干扰后，能够重回平衡或者稳定状态的能力	蒂默曼

时间	阶段	概念	代表学者
1973 年	生态韧性	既能恢复系统原始状态，又能促进系统新的平衡状态	霍林
20 世纪 90 年代	演进韧性（又称"社会—生态韧性"）	既能恢复系统原始状态，又能激发系统在面对压力和限制条件的情况下进行变化、适应和转化的能力	霍林 沃克

21 世纪初，"城市韧性"出现在城市规划领域，不同机构和学者对其概念理解略有不同，如表 2-3 所示。虽然对于韧性城市的概念存在多种分歧，但普遍认为城市韧性是在演进韧性的基础上，拥有应对、吸收冲击并维持重组结构的能力。综上所述，本书从防灾减灾的角度，认为城市韧性是把城市视为一个系统，具备抵御、恢复和适应的能力。

表 2-3 城市韧性内涵

内涵	机构或学者
一个城市的个人、社区、机构、企业和系统在受到各种慢性和急性压力冲击下，仍能存在适应和成长的能力	美国洛克菲勒基金会
城市系统或社会受到外来冲击危害后能有效抵御、吸纳、包容冲击并保护和恢复系统或社会基本功能和结构的能力	联合国
城市对自身的协调恢复能力和应对未知冲击时的抗压能力及及时的反应能力	Ahern J，Walker B
城市及其子系统具有在外界干扰或冲击下保持或迅速恢复其功能的能力，以及通过自我学习和自我组织来应对未来的不确定性	李彤玥等（2017）
城市系统通过对不确定因素的合理准备、缓冲和应对，实现对公共安全、社会秩序和经济建设等正常运作的自我修复	邵亦文等（2015）

2.1.3 城市韧性评价

在评估韧性时，需要考虑多类型的灾害事件，不仅有慢性压力，还有各类突发事件，如自然灾害、事故灾难、公共卫生和社会安全问题等。在自然灾害方面，韧性的评估最为常见，涉及地震、台风、暴雨和洪涝等多种灾害。此外，评估的空间尺度也很广泛，涵盖了国家、城市、社区等多个层面。韧性定量评价方法主要有基于系统功能曲线评估和基于指标体系评估两大类别。首先，基于系统功能曲线的韧性计算方法适用于单一或多种灾害类型，根据系统的不同定义，可以采用不同的变量表示，然而，这种方法的实施需要大量数据作为支撑，因此在实际情况中计算起来较为复杂。其次，基于指标体系的韧性评估方法，能够对系统韧性水平进行综合评价，是当前使用最为广泛的一种，但在指标体系的构建和因子的赋权上存在一定主观性，且构建韧性城市评价指标需要综合考虑，从多个维度来进行全面分析，考虑城市系统的复杂性和广泛性。从研究维度看，经历了从物理和社会到社会、环境、经济、基础设施等多个维度的融合，如表 2 - 4 所示。综上所述，城市韧性评价指采用定性和定量的方法或工具，依据研究对象的特征从多个维度对区域城市韧性进行评价。

表 2 - 4　韧性城市评估体系构建研究

研究维度	研究工具	代表机构或学者
物理、社会	使用 SVM 评估物理弹性，使用 Delphi - AHP 模型评估被研究区域的社会复原力	Zhang X 等（2019）
社会、环境、经济、管理	运用熵加权 TOPSIS 构建综合评价模型	Zhang Huiming 等（2021）
社会、经济、制度、基础设施、社区资本	使用指数评价法构建社区基线韧性指数	Cutter 等（2014）
经济与社会、健康与福利、基础设施与生态系统、领导力与战略	使用指数评价法构建综合性的城市韧性指数	洛克菲勒基金会
生态、经济、社会、工程	利用 BP 神经网络模型动态模拟城市韧性	陈晓红 等（2020）

2.1.4　防灾减灾

2009 年，中国出台了首个防灾减灾行动指南《中国的减灾行动》，其中指出，建立比较完善的减灾工作管理体制和运行机制，大幅提升灾害监测预警、防灾备灾、应急处置、灾害救助和恢复重建能力。灾害预防、应急管理、灾后救助和灾后重建即是防灾减灾的全过程。从灾害发生的先后时间顺序看，防灾是在灾害发生前，减灾则是在灾害发生后。因此，防灾是指灾害发生前，采取一系列措施防止灾害发生，或者是预防灾害造成的损失和破坏；减灾则是指在灾害发生后，在灾害管理的各个阶段，采取一系列措施减轻灾害造成的损失和破坏。防灾减灾的根本目的是避免和减少灾害造成的人员伤亡、财产损失对社会和环境的影响。

根据以上定义，防灾减灾是指在灾前、灾中、灾后，积极采取有效措施，预防和减轻各类自然灾害所带来的损失和影响。防灾是减灾的重要环节，是对自然灾害采取的预防与规避性措施，它是重要且有效的减轻灾害发生较为经济性的措施。但是从理论上讲，完全防止灾害或避免灾害损失是不可能的，但是可以采取防灾措施，在一定程度上减少灾害活动和影响，减轻灾害损失。城市防灾减灾是指针对工业化和现代化的城市可能发生的各种灾害，了解其发生原因和影响、后果，事先做好预防和准备，掌握防灾避灾和自救互救技能，灾害发生时采取科学有效的措施，最大限度地降低灾害的损失和提升城市的防灾减灾能力，并且充分考虑城市面临的各种灾害可能带来的威胁，综合采取行政、经济、科技、教育、法律、保险等多种手段，调动各行各业的防灾减灾资源，建立和健全综合减灾管理体制与运行机制，广泛动员群众积极参与，运用灾前的灾害风险评估提前完善防灾减灾体系，建立有效的预警预报机制，以及制定完善的应急管理预案和灾后恢复重建等各项措施。

2.1.5 防灾减灾支撑体系

在现有的有关规划和预案中，对防灾减灾体系建设有详细的描述，但对防灾减灾支撑体系的直接阐述并不多，二者既有区别，又有联系。

（1）防灾减灾体系与防灾减灾支撑体系的联系

有关防灾减灾体系，国外研究起步较早，现在已经形成了比较完整的防灾减灾体系：管理机制、法律法规体系、宣传教育、规划体系、科学技术、救灾队伍、保险体制、预警预报体系、救灾响应、工程建设等，尤其是在灾害管理体系上建立了比较先进的机制和方法。国内研究起步较晚，但发展很快，现已基本明确我国防灾减灾体系建构内容。《"十四五"国家综合防灾减灾规划》更是明确指出，要深入推进防灾减灾体系现代化，就要健全防灾减灾管理机制、法律法规体系、规划保障机制、社会力量和市场参与机制、科普宣传教育长效机制和交流合作机制等。

可见，防灾减灾体系的构建贯穿防灾减灾全过程。我国已经形成了"预案—体制—机制—法制"四位一体的应急管理体系，即"一案三制"，旨在保护人民群众生命财产安全和社会和谐稳定，有效处置各类突发事件。这四个部分各有特色和定位，相互补充、相互强化、相互制衡。其中，预案是前提、体制是基础、机制是关键、法制是保障，四位一体有机结合，使该体系能够良好运作。①预案。防灾减灾预案是一种行动方案，旨在最大限度地防范和减缓灾害给人类社会造成的危害，其中包括了责任主体、应急处置、保障措施等内容。目前，我国的刑侦主体部门已经形成一套相对完善的灾害应急预案体系，该体系主要由国家总体应急预案、专项预案、部门应急预案以及地方应急预案等部分构成。②体制。体制也被称为"领导体制"或"组织体制"，是一个由政府机构和社会组织、横向机构和纵向机构相互融合组成的复杂系统，包括应急管理的领导指挥机构、专项应急指挥机构、日常办事机构等不同的组织层次。③机制。指在突发事件应对全过程中，所采取的制度化和程序化的应急管理方式和措施，包括应急预案、监测预警、应急处置与灾后重建等各个阶段。④法制。狭义的应急管理法制是指国家制定的与应急管理活动有关的法律、法规、规章等。根据法律的不同级别，法律、行政法规和行政规章等多个层面的法律规范组成了我国防灾减灾法制体系。此外，尽管党中央、国务院和地方政府的文件精神，以及相关主管部门提出的意见办法等政策并不等同于法律制度，但它们在国家的防灾减灾工作中依然发挥着举足轻重的指导作用。

在中国知网上，以"防灾""减灾""灾害""支撑"等有关词汇作为关键词检索后发现，现有的资料大都研究决策支撑、科技支撑、保险金融支撑、法规制度预案支撑和基础设施支撑等。其中，技术支撑研究较多，如监测与预警技术支撑体系、基于信息技术支撑的风险管理体系、应急响应技术支撑体系等，而对其他要素支撑能力研究较少。针对防灾减灾支撑体系内涵，学界还未达成广泛共识，如有学者从技术装备、技术投资等角度评价支撑体系建设现状；也有学者认为支撑体系包括组织、政策和人力资源等。

综合来看，现有对防灾减灾支撑体系内容的研究大多借鉴防灾减灾体系，思考角度普遍缺乏理论支撑，并且定性研究较多而定量研究较少，本书试图从城市韧性入手，参考城市韧性评价，构建城市防灾减灾支撑体系。

（2）防灾减灾支撑体系内涵

城市韧性评价从防灾减灾角度出发，旨在评估城市在面对重大灾害干扰时，能够迅速抵御、吸收并调整恢复到原来状态的能力。城市韧性评价通常从基础设施、经济、社会和生态四个方面进行。基础设施作为维系城市生命力的核心系统，是构建韧性城市的前提与基础；国家的生存离不开经济的发展，经济系统的运行能力在灾害来临时至关重要；从社会层面分析，城市韧性的程度在很大程度上取决于社会群体应对风险因素以及与之配合的能力。因此，提升国民的整体素质对城市的发展具有重要意义；良好的生态环境和覆盖率高的城市绿地不仅能够有效地预防和减轻洪涝灾害的危害，更能在灾后恢复和重建过程中发挥积极的作用。但是在管理方面，如郑州"7·20"暴雨灾害事件，由于政府未能及时采取适当的应急措施，致使城市各级应急管理部门未能发挥应有的作用。体制、机制、法规等不仅是治理国家的基础，更是城市防灾减灾的重要依据，体现了当地政府的治理能力以及在灾害发生时的组织管理能力。

本书从基础设施、经济、社会、生态和管理五个韧性视角出发，结合城市防灾减灾韧性实施的抵御、吸收、恢复三个阶段，建立城市防灾减灾支撑体系。本书认为城市防灾减灾支撑体系包括防灾减灾基础设施支撑体系、防灾减灾经济支撑体系、防灾减灾社会支撑体系、防灾减灾生态支撑体系和防灾减灾管理支撑体系五部分，支撑体系建设能力包括防灾减灾基础设施支撑能力、防灾减灾经济支撑能力、防灾减灾社会支撑能力、防灾减灾生态支撑能力和防灾减灾管理支撑能力五种，这五种支撑能力分别支撑基础设施、经济、社会、生态和管理防灾减灾建设。构建具有系统性、可操作性的大中城市防灾减灾支撑体系将为城市韧性建设能力评估提供支撑。

（3）防灾减灾支撑体系评价指标

指标选取应遵循系统性、科学性和可操作性原则。根据上文对城市防灾减灾支撑体系的定义，结合五种城市韧性影响因素，以及相关领域专家学者的研究成果，对所涵盖的评价指标进行归纳和总结（见表2-5）。从评价指标的属性看，定量指标居多，定性指标偏少，这主要是为了避免评价的主观性，然而，对于不易获取的指标数据，如防灾减灾规划的完备性、防灾减灾宣传力度、现场指挥能力、应急机制响应速度和灾后学习能力等，宜通过专家打分或访谈的方式收集。

防灾减灾基础设施支撑体系的评价指标，主要反映城市中能起到抵御灾害作用的基础设施建设情况，如城市实有道路长度、排水管道长度、电话普及率、每万人拥有公共汽车数量等。该类指标应能够全面反映城市灾前防范能力、灾时应对能力、灾后修复水平的支撑能力。

防灾减灾经济支撑体系的评价指标，主要反映城市经济实力、产业结构、人民收入状况、财政收入与支出水平等。强大的经济支撑力能够帮助城市快速度过灾害，有效缓冲灾害带来的影响，帮助城市快速恢复稳定运转。

防灾减灾社会支撑体系的评价指标，反映城市社会对灾害的抵抗力，包括反映贫富差距的基尼系数，居民生活质量的恩格尔系数，人口密度和社保覆盖率等。

防灾减灾生态支撑体系的评价指标，反映城市生态系统抵御灾害的能力，即生态系统在遭受灾害破坏后，具备维持自身平衡或恢复后形成新平衡状态的支撑能力。具体来看，如较高的绿地率、人均公园绿地面积、城市污水日处理能力，较低的工业废水排放强度、工业二氧化硫排放强度等都体现出城市生态系统较强的灾害抵御能力。

防灾减灾管理支撑体系的评价指标，反映政府或相关单位在灾害发生前、灾害发生中、灾害发生后的应急管理能力。一般包括规划、预案、应急指挥、后勤保障、学习反思等方面的内容。强大的防灾减灾管理支撑能力是构建应急管理体制的根本，能够实现应急管理体制的统一指挥、上下联动、反应灵敏、专常兼备，有利于完善国家应急管理能力体系，提升防灾减灾救灾的综合能力。

表 2-5　基于城市韧性的城市防灾减灾支撑体系评价指标汇总

维度	建设能力	备选指标	指标来源
防灾减灾基础设施支撑体系	防灾减灾基础设施支撑能力：灾前防范能力、灾时应对能力、灾后修复水平的支撑能力。包括城市供排水、供气、通信和电力系统等建设	城市实有道路长度、建成区面积、互联网普及率、排水管道长度、燃气普及率、供水管道长度、人均道路面积、城市供气总量、每万人拥有公共汽车数量、国际互联网用户数、城市人均供电量、自来水普及率、移动电话用户数、排水管道密度	贺山峰等（2022）赵懋源等（2022）焦柳丹等（2022）陈晓红等（2020）陈韶清等（2020）许兆丰等（2019）张明斗等（2018）孙阳等（2017）高禄等（2024）朱敏等（2023）吴文洁等（2023）林陈贞等（2023）刘辉等（2023）宁静等（2023）周方等（2023）嵇娟等（2022）臧鑫宇等（2021）杨晓冬等（2021）缪惠全等（2021）王光辉等（2021）杨静等（2019）吴波鸿等（2018）
防灾减灾经济支撑体系	防灾减灾经济支撑能力：城市经济系统具备自我调节和恢复的能力，当面临外部破坏时，它可以通过内部的缓冲机制和快速调整来保持稳定运转。这种支撑能力使得城市经济能够在面临挑战和冲击时保持弹性和稳定性，为城市的可持续发展提供了重要的支持。包括产业结构、居民消费、就业等方面	第三产业、城乡居民储蓄存款余额、人均国内生产总值、城市居民收入水平、实际外商直接投资、公共财政预算支出、公共财政收入占GDP的比重、当年实际使用外资额、城镇居民人均可支配收入、政府防灾资金投入、就业率、人均固定资产投资、教育支出占财政支出的比重、科学支出占财政支出的比重、社会消费品零售总额、二三产业产值占GDP的比重、规模以上企业个数、公共安全财政投入比	
防灾减灾社会支撑体系	防灾减灾社会支撑能力：城市社会对于灾害可以自我调节恢复稳定运行状态的支撑能力。包括保险、居民收入、财政支出等方面	城市恩格尔系数、城市卫生机构床位数、普通高等院校在校人数、基本医疗保险参保人数、城镇人口数量、人均住房面积、非农就业人员比重、在岗工人平均工资、公共管理与社会组织人员占总人数比、人口密度、社会保险覆盖率、人口自然增长率	

维度	建设能力	备选指标	指标来源
防灾减灾生态支撑体系	防灾减灾生态支撑能力：城市生态系统受到灾害破坏后可以不受限制维持自身平衡状态，或者经过调整后达到一种新的平衡状态的支撑能力。包括环境治理、生态保护等内容	建成区绿地率、人均公园绿地面积、城镇污水排放量、城市污水日处理能力、城市生活垃圾清运量、工业固体废物综合利用率、工业废水排放量、森林覆盖率、生活垃圾无害化处理率、城镇生活污水集中处理率、万元 GDP 工业废水排放量、万元 GDP 工业二氧化硫排放量	
防灾减灾管理支撑体系	防灾减灾管理支撑能力：政府或相关单位在灾害发生前、灾害发生中、灾害发生后的应急管理支撑能力。包括规划、预案、应急措施、学习反思等方面	防灾减灾规划的完备性，减灾知识教育普及率，减灾规划的完善程度，应急资源保障能力（资金储备，物资供应），应急管理机构建设状况，预案的完备性，警消、救灾军人数量，灾害损失评估能力，灾害信息发布能力，参与国际减灾计划或组织，城市防灾管理人员质量，防灾减灾宣传力度，现场指挥能力，应急机制响应速度，灾后学习能力	

2.2 基础理论和方法

2.2.1 灾害系统理论

灾害系统理论将自然灾害的形成归因于孕灾环境的稳定性、承灾体的脆弱性与致灾因子的危险性三者的相互作用，如图 2-1 所示。

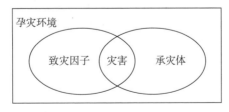

图 2-1 灾害系统理论示意图

孕灾环境是指由自然环境和人为环境构成的地球表层系统，它是灾害系统的一个组成部分。孕灾环境并不是简单地将自然环境和社会环境叠加在一起，而是一系列物质循环、能量流动以及信息和价值交互的耗散过程。在不同的自然环境和社会环境背景下，相同类型的自然灾害可能表现出不同的破坏程度，并造成不同的影响和损失。不同类型的自然灾害对孕灾环境有不同的要求，例如，地形是影响地震灾害的重要因素，而地貌、水文则是影响洪水灾害的关键因素。孕灾环境论认为灾害风险的形成与孕灾环境的稳定程度密切相关。换言之，孕灾环境的稳定性对于预测和降低灾害风险至关重要。

致灾因子是诱发灾害的导火线，致灾因子的危险性是灾害发生的主要原因。致灾因子可分为自然致灾因子（地震、洪水、台风等）和人为致灾因子（爆炸、战争、人为破坏等）。致灾因子可以从时间、空间和强度三个方面进行描述。时间指的是致灾因子作用在承灾体上并导致灾害发生的具体时间点；空间指的是致灾因子所作用的地理位置或空间范围；强度则是指致灾因子出现时的危险程度。

承灾体是各种致灾因子作用的对象，也是灾害损失的承载体。承灾体的类型和性质在很大程度上决定了灾害损失的程度。当相同的致灾因子作用于不同的承灾体时，其引发的灾害损失也会有所差异，差异主要源于承灾体自身性质的不同，这也是导致脆弱性产生的重要因素。脆弱性是描述承灾体在灾害作用下表现程度的重要指标，决定了灾害风险的大小和损失程度。承灾体是由人、社会及各类资源构成的综合体。一般而言，承灾体可分为三大类别：人类、财产和自然资源。这包括人类自身以及水利、电力、交通、通信等生命线系统；居民、农业、工业以及公共建筑和设施等各类建筑；还有生态环境、政治、社会和经济等各种自然和社会资源。

2.2.2 韧性城市理论

韧性城市理论是一种基于韧性理论和系统观的城市发展理念。其宗旨在于提高城市整体系统的韧性，增强城市系统在面对灾害、变化和恢复时的能力。韧性城市理论提出，城市的物质系统和人类社会的韧性是推动城市发展的核心要素。这种韧性能够确保城市的健康、稳定和持续发展。它着重于提高城市整体系统的灾害抵御能力、适应能力和恢复能力，从而增强城市的韧性。通过增强城市的韧性，可以提高城市系统抵御灾害、适应变化和恢复自身的能力，使城市能够更好地应对各种挑战和变化。其中，物质系统包括冗余的城市规划和统一的建设标准等，社会系统建设则包括促进社会参与和提高韧性意识。通过这些系统的建设，可以促进城市的韧性发展，并在面对外部多样性灾害和内部不确定危机时保持稳定和持续的发展。

简单来说，城市韧性，指的是城市作为一个整体系统，有能力抵抗外部灾害的影响，维持系统的平衡和恢复。城市韧性不同于传统的减灾，它更加重视城市的独特属性和人类的行为策略。韧性城市的理念强调城市的自适应能力和弹性，使城市能够在面对各种挑战和灾害时迅速调整和恢复。这种理念考虑到城市的复杂性和多样性，注重城市系统的整体性和可持续性，以提高城市的抵御能力和适应能力，从而保障城市的稳定和可持续发展。城市韧性具有自组织性、冗余性、多样性、适应性、协同性、稳定性和创造性。①自组织性。系统能够迅速主动地抵消外界干扰，恢复到原先的状态。②冗余性。为了保障城市系统的安全和可靠，故意设计一些关键部件或功能的冗余，以应对意外情况。③多样性。多元化的社会文化、生态环境、制度等要素，能够让不同领域维持动态的稳态。④适应性。城市受到外部灾害或变化的影响时，能够利用自身的制度、资源等优势，执行合理的应对和适应策略。⑤协同性。城市系统中不同层次和部分之间相互协作共同发展。⑥稳定性。城市面对灾害时，能够维持或恢复其主要功能，不被灾害所影响或影响很小。⑦创造性。针对城市系统受到的损害，根据实际情况对相关的制度和管理方式进行改进和创新，以确保城市能够迅速适应变化并恢复稳定。

从防灾的角度，用多个维度评价城市韧性，主要看城市在遭遇灾害的干扰时，能否快速适应、调整并恢复原状。这些维度主要有以下四个方面：①基础设施韧性。主要表现为城市遭遇危机时，水、电、交通等的基本供应能力。②经济韧性。一个城市的经济水平能够体现出城市经济系统应对外部冲击和内部扰动的能力。③生态韧性。外部扰动对城市生态系统产生影响后，城市系统所体现出在抵抗扰动、应对变化及迅速恢复均衡状态的能力。④社会韧性。城市在遭遇急性冲击或慢性压力时，社会系统的保障能力和发展潜能体现出城市的社会韧性。

将韧性城市理论融入我国一贯推崇的可持续发展理念，有助于促进城市防灾减灾工作的全面发展。这一理论不仅关注经济、生态、社会和基础设施的协调发展，同时也提供了新的视角，使城市在面对外部多变的灾害和内部不稳的危机时能够更好地抓住新的发展机遇。韧性城市理论强调城市的自适应能力和弹性，与可持续发展理念一致。它不仅关注城市抵御灾害的能力，还注重城市系统的整体性和可持续性发展。通过促进城市的韧性，我们可以更好地应对灾害风险，减少灾害造成的损失，并为城市的可持续发展创造更好的条件。韧性城市理论的应用还能够帮助城市发现和利用新的发展机遇。在面对外部多样化的灾害和内部不确定的危机时，韧性城市能够更加灵活和适应性地调整和创新，为城市的发展带来新的动力和机遇。

2.2.3　指数和指数评价法

指数是一种相对数，用于比较和描述社会经济现象的数量关系。从广义上，指数可以用来反映各种社会经济现象的数量对比关系。而从狭义上，指数指的是反映两种或两种以上无法直接相加和对比的复杂现象综合变动的相对数。指数是统计学、管理学和经济学等学科中常用的工具。指数主要有以下两个方面的作用。首先，指数可以反映研究对象的变化方向和程度。通过对指数的计算和比较，可以了解研究对象在不同时间或不同条件下的变化情况，从而判断其发展趋势和变化程度。其次，指数可以通过连续编制的序列来反映事物发展变化的趋势。通过对一系列指数的连续观察和分析，可以揭示事物的发展动态，了解其长期趋势和周期性变化，为决策和规划提供依据。在管理学中，用指数来全面评估一个系统。选择适当的评价指标，采用一定的处理方式，将其同向化和标准化处理，最后将它们合成一个数值，用于全面分析被评价对象。这种综合评价方法能够更全面地了解被评价对象的整体状况，并为决策者提供参考和指导。城市防灾减灾支撑体系建设能力指数是指在指数研究的理论基础上，将防灾减灾支撑建设能力（即本研究中的防灾减灾基础设施支撑能力、防灾减灾经济支撑能力、防灾减灾社会支撑能力和防灾减灾生态支撑能力）作为指数研究的主题，即通过构建防灾减灾支撑建设能力指数模型，对城市防灾减灾支撑建设能力进行系统、定量的评价。

2.2.4　矩阵关联分析

矩阵关联分析法是指以研究对象的两项重要属性为依据，通过分类关联分析，进而找到一种解决问题的分析方法。平面直角坐标系两个轴分别代表两个属性，在两个轴上分别按某标准进行刻度划分，将待分析的研究对象投影到坐标系中，可直观反映出两属性的关联性。利用这种方法可以实现对象的分类，总结其中共有特征，在此基础上提出不同的具有针对性的分组策略。

2.2.5　聚类分析

聚类分析是一种统计学的多元统计分析方法，专注于解决"物以类聚"的问题。在经济社会学研究中，这类问题十分普遍，例如，市场营销中的市场细分和客户细分问题。聚类分析可以根据样本（或变量）数据的多个特征，在没有先验知识的情况下，自动将它们按照性质上的亲疏程度分类。同一类中的个体特征相似，不同类中的个体特征不同。聚类分析方法经过多年的发展，已经逐渐形成了自身的方法体系。如果按照原理来区分，经典的聚类分析方法大致分为两类：非层次聚类法和层次聚类法，其中，层次聚类法又称系统聚类，简单来讲指聚类过程是按照一定层次进行的。鉴于本书的研究对象不易在分析前把握分类的具体数目，且数据量适中，故采用系统聚类法较为合适。

2.2.6　雷达图

雷达图又称蜘蛛网图，是将多个维度的数据量映射到一个以圆心为起始点的坐标轴上，终止于圆周边缘，然后用线将同一组的点连起来的图形。通过雷达图，可以直观地展示多维数据集，观察变量之间的相似性以及是否存在异常值。此外，雷达图也可以用于查看变量在数据集内的得分分布情况，因此非常适合显示性能。普通的雷达图，根据面积的大小比较各数据量之间的差异；堆积柱形雷达图是一种图表工具，它能够以直观的方式展示每个系列的数值，并同时反映出系列的总和。这种图表尤其适用于需要观察某一单位的综合情况以及各系列值之间比重的情况。

3 河南省灾害现状及城市防灾减灾能力评估

本章分为三个部分：河南省区域概况、河南省灾害现状统计性分析和河南省大中城市防灾减灾能力评价。首先，本书对河南省区域概况和灾害现状进行统计性分析。其次，基于圣母大学全球适应性指数（ND–GAIN）评价模型，构建符合河南省省情的防灾减灾能力评价指标体系，对 2021 年河南省各地区防灾减灾能力水平进行评价，为构建河南省大中城市防灾减灾支撑体系提供参考。

3.1 河南省区域概况

3.1.1 自然地理概况

（1）河南省整体概况

①地址

河南省位于北纬 31°23′~36°22′和东经 110°21′~116°39′，与安徽、山东接壤，与河北、山西相邻，与陕西相连，与湖北相邻。河南省地势自北向南逐渐升高，承东启西。全省总面积 16.57 万平方千米，占全国国土总面积的 1.73%。

②地貌

河南省地形西高东低，平原和盆地占据总面积的 55.7%，主要分布在中部和东部的黄淮海冲积平原以及西南部的南阳盆地。而山地和丘陵则占据了 44.3%，主要分布在北、西、南三面的太行山、伏牛山、桐柏山和大别山等山脉。在灵宝市境内，全省最高的山峰是老鸦岔，海拔高达 2413.8

米；而固始县淮河出省处则是全省最低的地方，海拔仅为 23.2 米。

③气候

河南省地处暖温带，南跨亚热带，是北亚热带向暖温带过渡的大陆性季风气候区。随着地势的变化，由东向西逐渐从平原过渡到丘陵山地气候。气候特点为四季分明、雨热同期、复杂多样以及气候灾害频繁。多年数据显示，全省的年平均气温在 14.7℃ ~ 15.9℃，年平均降水量为 512.6 ~ 1133.3 毫米，年平均日照时数为 1768.0 ~ 2023.4 小时。

④水文

河南省是中国唯一拥有长江、黄河、淮河、海河四大河流的省份，同时也是唯一跨越这四大流域的省份。省内的大部分河流都发源于西部、西北部和东南部的山区，涵盖了 560 条流域面积达到 100 平方千米及以上的河流，64 条流域面积达到 1000 平方千米及以上的河流，以及 11 条流域面积达到 10000 平方千米及以上的河流。全省多年平均水资源量为 403.5 亿立方米，但是由于人口数量大，人均水资源量不足 400 立方米，是全国平均水平的 1/5，低于国际公认的人均 500 立方米的严重缺水标准。

⑤生物

河南省拥有丰富的动植物资源。目前，全省设有 132 个省级以上的森林公园，其中包括 33 个国家级森林公园。森林覆盖率达到 25.1%。河南省已知陆生脊椎野生动物有 520 种，其中包括 136 种国家重点保护野生动物。此外，河南省还有 63 种国家级珍稀濒危保护植物和 64 种省级保护植物。这些资源的保护和管理对于维护生态平衡和促进可持续发展具有重要意义。

（2）河南省 18 个地市概况

①地形

表 3 - 1 展示了河南省 18 个地市地形和气候情况。从地形上看，开封、濮阳、商丘、新乡、周口、漯河以平原为主；济源、洛阳、三门峡以山地、丘陵为主；其他地市地形丰富，平原、山地、丘陵皆有，其中，南阳以盆地为主，信阳有部分洼地。

表3-1 河南省18个地市主要地形及气候

城市	行政面积/平方千米	主要地形	多年平均气温/℃	多年平均降水量/毫米	多年平均湿度
安阳	7413	平原、山地	14.3	582.3	64%
鹤壁	2182	平原、山地	14.2~15.5	349.2~970.1	60.43%
济源	1931	丘陵	14.5	567.9	68%
焦作	4071	平原、山地	11.4~14.9	575~641	62%
开封	6118	平原	14.4	668.3	—
洛阳	15230	山地、丘陵	12.2~24.6	528~800	60%~70%
南阳	26509	盆地	14.4~15.7	703.6~1173.4	60%~80%
平顶山	7882	丘陵、平原	12~22	612~1287	60.80%
濮阳	4188	平原	13.3	502.3~601.3	—
三门峡	9935	山地、丘陵、黄土塬	14.2	400~700	61%
商丘	10704	平原	14.7	741	70.50%
新乡	8249	平原	14	573.4	68%
信阳	18916	山地、丘陵、平原、洼地	15.2	1100	75%
许昌	4978.83	丘陵、平原	14.3~14.6	701	—
郑州	7567	山地、丘陵、平原	14.7	632.4	62%
周口	11959	平原	16.3	689~816	—
驻马店	15083	山地、丘陵、岗地、平原	14.7~15.0	850~980	72%
漯河	2617	平原	15.6	830.2	—

资料来源：各地方政府官网。

②气候

从年平均气温和降水量来看，地理位置靠南的地市普遍偏高，周口的年平均气温最高，为16.3℃，濮阳的气温最低，为13.3℃；南阳的年平均降水量最大为1173.4毫米，鹤壁年平均降水量最小为349.2毫米。从湿度上看，18个地市年平均湿度都在60%以上，南阳最为湿润，年平均湿度最大为80%。

③自然资源

表3-2展示了河南省18个地市自然资源的情况。2021年全省森林覆盖率为14.76%～60.10%，鹤壁市最高，森林覆盖率为60.10%；许昌市最低，为14.76%。各地市动植物资源丰富，济源、南阳、平顶山、三门峡、信阳植物种类数都在2000余种，信阳和驻马店的动物种类数最多，都在2000种左右。从表中可以看出，煤炭和金属矿是河南省主要的矿产资源，不同地市的优势矿产各有不同。各地市年均水资源总量差异巨大，南阳市和信阳市年均水资源量最大，这得益于其广袤的山林和众多河流以及湿润的气候，安阳、济源年均水资源量最小，不足4亿立方米。

表3-2 河南省18个地市自然资源情况

城市	森林覆盖率（2021年）/%	植物种类数/种	动物种类数/种	主要矿产资源	年均水资源总量/亿立方米
安阳	25.00	1000余	168	冶金用白云岩、含钾砂页岩、霞石正长岩	2.537
鹤壁	60.10	800余	123	煤炭、水泥用灰岩、白云岩	15.12
济源	45.28	2121	700	铅、白银	3.59
焦作	35.20	1440余	697	煤炭、石灰石、铝矾土	21.65
开封	30.38	800余	60余	石油、天然气、煤炭	8.35
洛阳	45.80	831	365	钼矿、黄金	28
南阳	43.25	2298	320	石墨、玉石、金银铜矿、石油	70.35
平顶山	16.90	2376	226	煤炭、钠盐、铁矿石	18.34
濮阳	30.50	1200余	200余	石油、天然气、煤炭	4.52
三门峡	50.72	2100余	140余	黄金、铝土矿、煤炭	29.3
商丘	16.70	—	235	煤炭	19.8
新乡	23.60	476	480余	水泥用灰岩、煤炭、建筑石料用灰岩	10.79
信阳	42.28	2726	2031	珍珠岩、膨润土、沸石	88.04
许昌	14.76	719	135	煤炭、铝矾土、铁矿石	8.8474
郑州	33.40	1900余	—	煤、铝矾土、耐火黏土、油石	12.3
周口	20	170余	近80	煤炭、石油	29.81

城市	森林覆盖率 (2021 年) /%	植物 种类数/种	动物 种类数/种	主要矿 产资源	年均水资源 总量/亿立方米
驻马店	31.91	846	近 2000	化工炭岩、玻璃用砂、莹石	63.6
漯河	25.07	243	—	盐矿	—

资料来源：各地方政府官网。

3.1.2 人文地理概况

（1）河南省整体概况

①行政区划和人口

截至 2022 年底，河南省辖 17 个设区的市，1 个省辖县级行政单位（济源市），20 个县级市，82 个县，54 个市辖区，1766 个乡镇（586 个乡、1180 个镇），692 个街道。全省常住人口 9872 万人，常住人口城镇化率为 57.07%。全年出生人口 73.3 万人，出生率为 7.42‰；死亡人口 74.1 万人，死亡率为 7.50‰；自然减少人口 0.8 万人，自然增长率为 - 0.08‰。

②社会经济状况

2021 年，河南省的地区生产总值达到 58887.41 亿元，增长了 6.3%。经济总量继续保持全国第五位、中部首位。全省粮食产量稳定在 1300 亿斤以上，2021 年达到 1308.84 亿斤，连续五年保持稳定。工业生产也实现了恢复增长，规模以上工业增加值同比增长了 6.3%。服务业在经济增长中发挥了明显的拉动作用，全年服务业增加值同比增长了 8.1%，对 GDP 增长的贡献率达到了 63.1%。地方财力继续增强，2021 年全省财政总收入为 6611.24 亿元，比上年增长了 5.3%。一般公共预算收入为 4347.38 亿元，比上年增长了 4.3%，其中税收收入为 2842.52 亿元，增长了 2.8%。城乡居民收入也稳定增长，全省居民人均可支配收入为 26811 元，增长了 8.1%。这些数据显示了河南省经济的良好发展态势。

（2）河南省 18 个地市概况

表 3 - 3、表 3 - 4 展示了 2021 年河南省 18 个地市行政区、人口、生产总值、财政、居民收入等情况。截至 2021 年底，河南省 18 个地市中，常

住人口数量超千万的特大城市只有郑州，总计 1274 万人，人口数量超 500 万的城市有郑州、南阳、周口、商丘、洛阳、驻马店、信阳、新乡、安阳 9 座城市，人口数量在百万以上的有 17 个，人口数量在百万以下的仅有 1 个（济源市）。郑州市生产总值（12691.02 亿元）全省最高，人均生产总值各地市差异巨大，济源市人均生产总值（10.45 万元）全省最高，为全省最低周口市（3.91 万元）的 2.7 倍。共有 7 个城市城镇化水平高于全省平均水平（56.69%），最高为郑州市（79.10%），最低为周口市（43.62%）。城乡居民人均可支配收入仍存在差距，18 个地市城镇居民人均可支配收入（3.65 万元）是农村居民人均可支配收入（1.87 万元）的 1.95 倍。综合能源消耗量排名靠前的是安阳市、郑州市、洛阳市、焦作市和平顶山市，均超过 1000 万吨标准煤，这与其人口数量和工业企业数量等有关。全省平均居民消费价格指数较 2020 年提高 0.87 个百分点，开封市物价涨幅最大（1.5 个百分点），信阳市最小（0.5 个百分点）。粮食产量最高为周口市（923.72 万吨），最低为济源市（23.54 万吨），这与当地耕地面积、粮食种类等有关。郑州市财政收入远高于其他地市，一般公共预算收入为 1223.63 亿元，是全省平均水平的 5.3 倍，济源市和鹤壁市一般公共预算收入不足 80 亿元。

表 3-3 2021 年河南省 18 个地市行政区、人口、生产总值等情况

城市	县（市、区）数/个	常住人口数量/万人	生产总值/亿元	人均生产总值/元	城镇化率/%
郑州	12	1274	12691.02	100092	79.10
开封	9	478	2557.03	53173	52.85
洛阳	14	707	5447.12	77110	65.88
平顶山	10	497	2694.16	54122	54.45
安阳	9	542	2435.47	44690	54.07
鹤壁	5	157	1064.64	67803	61.71
新乡	12	617	3232.53	52028	58.39
焦作	10	352	2136.84	60643	63.73
濮阳	6	374	1771.54	47131	51.01

续表

城市	县（市、区）数/个	常住人口数量/万人	生产总值/亿元	人均生产总值/元	城镇化率/%
许昌	6	438	3655.42	83415	54.58
漯河	5	237	1721.08	72560	55.86
三门峡	6	204	1582.54	77701	58.03
南阳	13	963	4342.22	44894	51.61
商丘	9	772	3083.32	39678	47.21
信阳	10	619	3064.96	49345	51.14
周口	10	885	3496.23	39126	43.62
驻马店	10	692	3082.82	44266	45.17
济源	1	73	762.23	104515	68.17

资料来源：各地方政府官网。

表 3-4　2021 年河南省 18 个地市财政、居民收入等情况

城市	城镇居民人均可支配收入/元	农村居民人均可支配收入/元	综合能源消费量/万吨标准煤	居民消费价格总指数	粮食产量/万吨	一般公共预算收入/亿元
郑州	45246	26790	1301.79	101.1	135.29	1223.63
开封	34195	16769	416.77	101.5	305.99	179.27
洛阳	42076	17253	1282.34	100.6	241.02	397.92
平顶山	37042	16919	1018.05	100.7	227.91	203.21
安阳	37464	18424	1543.6	101	335.71	200.58
鹤壁	35934	21334	405.44	101.4	89.92	73.69
新乡	36245	18922	929.66	100.6	431.14	208.28
焦作	36291	22180	1041.36	100.6	187.49	160.72
濮阳	35999	16488	565.67	101.2	289.73	112.68
许昌	37196	21462	433.25	100.8	289.66	189.12
漯河	36769	19973	339.4	100.7	188	114.54
三门峡	35150	18297	642.76	100.9	73.06	142.44
南阳	36182	17603	701.37	100.8	713.33	224.83
商丘	34758	14789	763.39	100.7	705.72	190.13
信阳	33480	16595	419.68	100.5	577.3	135.39

城市	城镇居民人均可支配收入/元	农村居民人均可支配收入/元	综合能源消费量/万吨标准煤	居民消费价格总指数	粮食产量/万吨	一般公共预算收入/亿元
周口	30826	14141	210.94	101.3	923.72	158.24
驻马店	33178	15267	380.77	100.6	805.67	181.61
济源	39518	23294	715.23	100.7	23.54	59.13

资料来源：各地方政府官网。

3.2 河南省灾害现状统计性分析

目前，学界对致灾因子已达成共识，即致灾因子是可能对人员、财产和环境带来不利影响的各种自然现象和社会现象，包括自然致灾因子（地震、洪水、台风等）和人为致灾因子（爆炸、战争、人为破坏等）。在此基础上引出突发公共事件的概念。国务院2006年1月颁布的《国家突发公共事件总体应急预案》中规定："突发公共事件"是指突然发生，造成或者可能造成重大人员伤亡、财产损失、生态环境破坏和严重社会危害，危及公共安全的紧急事件。突发公共事件主要分为四类，包括自然灾害、事故灾难、公共卫生事件、社会安全事件；自然灾害主要包括气象灾害、地震灾害、地质灾害、海洋灾害、生物灾害和森林草原火灾等。本节统计河南省自然灾害的发生情况。

3.2.1 旱灾

干旱是指农作物的水分的收支、供求不平衡而造成的水分短缺现象。干旱是河南省有史以来危害最大、最主要的气象灾害。从公元前206年至中华人民共和国成立前的两千多年里，河南省黄河流域有近千年出现了不同程度的旱灾，约两年一遇。有资料表明，河南省在中华人民共和国成立后大旱6~8年一次，中小旱4年左右一次。根据河南省的气候特点和农业生产的实际，全省大致可分为5个不同类型的干旱区：豫北干旱区、豫东干旱区、豫西干旱区、豫南干旱区和豫西—南阳—淮北干旱区，具体情况如表3-5所示。有学者对1960—2019年河南省干旱状况进行了统计分析，结果表明，河南省大部分地区干旱现象出现较频繁，由东向西，干旱发生频率增多，综合干旱频率最高的地区主要有三门峡、南阳西部、平顶山中部地区；三门峡北部、南阳西部中旱发生频率相对较高，其次为开封、平顶山中部及周口市西部，信阳及新乡中旱发生频率最低；信阳东部和开封重旱发生频率相对较高，郑州中部、南阳重旱发生频率则最少；郑州是极旱发生频率较高的地区，其次为安阳、鹤壁、新乡、焦作、洛阳中部、商丘及信阳；南阳、平顶山等地无极旱发生。

表3－5　河南省干旱区域分区

干旱区	主要干旱	主要包含地市	发生频率
豫北干旱区	春旱	安阳、濮阳、鹤壁、新乡、焦作、济源	30%以上
豫东干旱区	夏旱	开封、商丘、许昌、郑州、周口	60%～65%
豫西干旱区	较少发生	洛阳、南阳	较少
豫南干旱区	夏旱	信阳	25%以上
豫西—南阳—淮北干旱区	夏旱	洛阳、三门峡、郑州、漯河、驻马店、南阳、平顶山	50%～60%

资料来源：《中国气象灾害大典（河南卷）》。

2012—2021年，河南省年平均农作物受灾面积496.26千公顷，其中成灾面积179.21千公顷，绝收面积36.94千公顷；平均每年有18.98万人、3.94万头大牲畜因旱发生临时饮水困难。2014年为这十年当中因干旱损失最大的一年，2015年和2021年损失较小。总体来看，2012—2014年灾损较大，2015—2018年灾损较小，2019—2020年再次加重，2021年因洪涝灾害导致干旱损失较小。河南省作物因旱受灾和农村因旱饮水困难情况见表3－6。

表 3 – 6　2012—2021 年河南省干旱灾害损失情况

灾损统计年份	农作物受灾面积/千公顷	农作物成灾面积/千公顷	农作物绝收面积/千公顷	农村因旱饮水困难人口/万人	农村因旱饮水困难大牲畜/万头
2012	1001.53	162.8	2.67	16	3
2013	571.25	323.02	60.53	27.57	6.69
2014	1809.3	775.3	203.8	75.42	10.76
2015	33.43	3.84	0.53	1	0.02
2016	173.3	73.7	18.9	2.15	0.55
2017	219.1	148.4	43.7	7.13	0.68
2018	122.99	17.64	0.97	7.19	0.72
2019	477.87	188.48	30.02	25.54	4.44
2020	512.94	88.76	7.66	27.84	12.5
2021	40.84	10.16	0.65	0	0
平均水平	496.26	179.21	36.94	18.98	3.94

资料来源：《中国水旱灾害防御公报》(2012—2021 年)。

3.2.2　洪涝灾害

洪涝灾害是指因暴雨、长时间降水而引起的江水泛滥、河道决口等，造成经济建设或者其他财产损失和人员伤亡的一种灾害。河南历史上洪涝灾害肆虐，1368—1938 年，平均每两年半就有一次黄河决溢，两千年来，平均 2 年一次洪涝灾害。河南省的洪涝灾害主要发生在夏季，其次是春季和秋季。具体来说，初夏洪涝主要发生在淮南及河南省西部山区，发生频率高于 25%；夏季洪涝频率较高，最高为 40%～80%，春季南方发生的洪涝频率高于北方，淮河以南地区及河南西部山区最高达 25%；秋季发生洪涝的频率较低，多数地区在 15% 以下，豫南、豫西为 20%～30%。根据这些信息，河南的洪涝灾害可以分为豫东平原涝区、豫西北黄土丘陵南阳盆地涝区、豫西山地涝区和豫南涝区四个区域。这些区域在不同季节和地理条件下都面临不同程度的洪涝灾害风险，需要采取相应的防灾减灾措施来减少损失，如表 3 – 7 所示。

表 3 – 7 河南省洪涝区域分区

洪涝区	季节	主要包含地市	发生频率
豫东平原涝区	夏季	安阳、濮阳、鹤壁、开封、商丘、周口、漯河、驻马店	60% ~ 80%
豫西北黄土丘陵南阳盆地涝区	夏季	新乡、焦作、济源、三门峡、洛阳、郑州、许昌、平顶山、南阳	50% ~ 60%
豫西山地涝区	夏季	洛阳、南阳	较多
豫南涝区	春季	信阳	25% 以上

资料来源：《中国气象灾害大典（河南卷)》。

2012—2021 年，受灾人口方面，除 2016 年和 2021 年发生重大洪涝灾害外，其余年份伤亡较小，各年情况如图 3 – 1 所示。近年来，农作物受灾情况有逐渐加重的倾向，2021 年直接经济损失更是达到 1300. 56 亿元，占当年全省总产值的 2. 21%，受灾面积达到史无前例的 1268. 5 千公顷，绝收面积达 315. 24 千公顷，远超年平均水平，如图 3 – 2 所示。

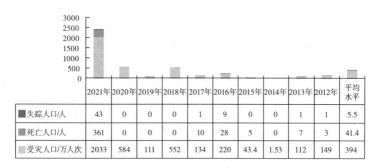

	2021年	2020年	2019年	2018年	2017年	2016年	2015年	2014年	2013年	2012年	平均水平
■失踪人口/人	43	0	0	0	1	9	0	0	1	1	5.5
■死亡人口/人	361	0	0	0	10	28	5	0	7	3	41.4
■受灾人口/万人次	2033	584	111	552	134	220	43.4	1.53	112	149	394

图 3 – 1　2012—2021 年河南省洪涝灾害人口伤亡统计

资料来源：《中国水旱灾害防御公报》（2012—2021 年）。

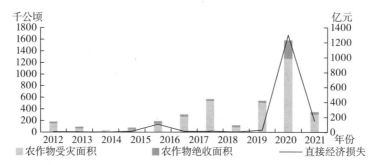

图 3 – 2　2012—2021 年河南省洪涝灾害农作物受损情况

资料来源：《中国水旱灾害防御公报》（2012—2021 年）。

近几十年来，河南省也多次发生重大洪涝灾害，表 3 – 8 为河南省历史上较为典型的暴雨及降水过程资料。1975 年 8 月 4 日至 8 日驻马店市出现特大暴雨，降雨中心区域的最大过程累计降水量达到 1631 毫米，导致水库蓄水量超过最大阈值，最终导致大坝无法承受巨大的水压从而垮塌，造成数十万人员伤亡。2016 年 7 月安阳地区特大暴雨，导致市区和周边多地遭受巨大的人员伤亡和经济损失。2021 年 7 月中下旬受台风"烟花"影响，河南省多个地区发生极为罕见的持续性强降水天气。此外，2021 年 7 月 16 日至 21 日河南省郑州市发生特大暴雨灾害，导致郑州市、洛阳市、新乡市、安阳市和济源市等地发生严重暴雨洪涝灾害。河南省气象局发布的 2021 年 7 月数据显示，仅 7 月 10 日至 23 日，郑州市 13 天内出现 11 天降雨，且 7 月 21 日 16 时至 17 时降水量达 201.9 毫米/小时，突破我国内陆地区历史极值，导致 302 人遇难，分别是郑州市 292 人、新乡市 7 人、漯河市 1 人和平顶山市 2 人。

表 3 – 8 河南省历史暴雨及降水过程信息

时间	主要地区	累计降水量最大值/毫米	日最大降水量/毫米	全省平均降水量/毫米
1963 年 8 月 2—8 日	新乡	699	253（8 月 3 日）	199
1975 年 8 月 4—8 日	驻马店	1631	755（8 月 7 日）	163
1982 年 7 月 28 日—8 月 5 日	洛阳	666	265（8 月 1 日）	169
1996 年 7 月 28 日—8 月 6 日	信阳、驻马店	438	249（8 月 3 日）	135
2005 年 6 月 25—26 日	开封、驻马店	496	160（6 月 26 日）	107
2007 年 8 月 2—3 日	郑州、南阳	374	86.9（8 月 2 日）	132
2008 年 7 月 22—23 日	南阳	542	229（7 月 22 日）	142
2010 年 7 月 18—20 日	郑州、洛阳	596	182（7 月 18 日）	150
2012 年 8 月 19—20 日	郑州	295	78（8 月 20 日）	114
2016 年 7 月 18—20 日	安阳	732	703（7 月 19 日）	80
2021 年 7 月 16—21 日	郑州	617	362（7 月 21 日）	88

资料来源：中国气象局和河南省气象局。

3.2.3 地震

河南省是地震灾害较为严重的省份之一。其主要特点如下：①地质构造复杂。河南省分布着多条活动构造带，包括太行山前断裂带、聊兰断裂带、华北断块南缘断裂带、秦岭北麓断裂带等，这些构造带为发生 6 级以上地震提供了条件。每年平均发生 11 次 2.0 级以上地震，历史上曾发生过 30 次 5 级以上地震和 7 次 6 级以上地震。根据最新的《中国地震动参数区划图》，全省均处于 6 度以上抗震设防区，其中 7 度和 8 度区分别占全省面积的 43.7% 和 6.5%。河南省辖的 18 个市中，11 个位于 7 度区，3 个位于 8 度区。②周边强震频发。河南省周边地区多次发生 7 级以上的强震，给河南造成的损失远远超过本省地震所造成的。历史上造成河南死亡人数最多和烈度最高的地震均来自邻省。例如，1556 年陕西华县发生的 8 级地震，造成河南约 1 万人死亡；1830 年河北磁县发生的 7.5 级地震在河南境内形成了 4000 多平方千米的 7 度区和 200 多平方千米的 9 度区。③地震成灾风险大。河南省是一个农业大省和人口大省，部分建设工程的抗震性能较差，农村房屋基本没有抗震设防，因此小震就可能引发灾害，中震会造成较大的灾害，大震则可能引发巨大的灾难。例如，2000 年内乡县发生的 4.2 级地震就造成 1 人死亡、28 人受伤，直接经济损失超过 5680 万元。2010 年周口太康发生的 4.7 级地震造成 12 人受伤，其中 1 人重伤，24 间房屋倒塌，直接经济损失达 1445 万元。表3-9 显示了 1970—2022 年河南省发生地震灾害的次数和震级。1970 年以来，地震主要发生在河南省南部和北部，未发生过 5 级以上地震，最高震级为 4.7，分别发生在安阳林县（1980 年）和南阳淅川（1973 年）。南阳发生地震次数最多（21 次），主要发生在内乡县（9 次）和淅川县（6 次）；濮阳次之（12 次），主要发生在范县（8 次）；信阳、安阳、新乡、郑州分别发生 8 次、7 次、6 次、5 次，其他地方较少发生。

表3－9 1970—2022 年河南省地震灾害概况

所在地市	地震次数	震级	平均发生频率/年/次
南阳	21	3～4.7	2.5
濮阳	12	3.1～4.2	4.3
信阳	8	3～3.4	6.5
安阳	7	3～4.7	7.4
新乡	6	3.2～4.5	8.7
郑州	5	3～4.2	10.4
三门峡	4	3～3.7	13.0
鹤壁	2	3.4～3.9	26.0
焦作	2	3.4～3.7	26.0
洛阳	2	3～3	26.0
周口	2	4.1～4.6	26.0
济源	1	3～3	52.0
开封	1	3～3	52.0
驻马店	1	3～3	52.0
总计	74	3～4.7	0.7

资料来源：河南省地震局。

3.2.4 地质灾害

崩塌、滑坡和泥石流灾害多是暴雨、山体坡度大、土质疏松等原因造成的。崩塌、滑坡和泥石流以分布广、灾害性和破坏性强，容易引起次生灾害为特点，每年给河南省带来巨大的经济损失，同时严重威胁着灾区人民的生命健康。河南省地质灾害主要发生于山地丘陵区，河南省的山地丘陵区包括太行山地、豫西山地和豫南山地，以及位于这些山地前部的黄淮海平原。此区域处在中国地势阶梯的第二阶梯与第三阶梯之间的过渡带，地形起伏明显。由于地质条件的特点，这个区域容易发生地质灾害，并且频率较高。河南省山地丘陵区包含13 个地市，有研究表明，河南省山地丘陵区地质灾害主要分布在三门峡市、洛阳市、郑州市、南阳市和信阳市；河南省西部山地丘陵区地质灾害点密度最大的区域主要分布在鹤壁市、济源市、郑州市、三门峡市和焦作市。根据表3－10可知，河南省受到了崩塌、滑坡和泥石流等灾害不同程度的影响，其中 2021 年受灾最为严重。2012—2021 年，河南省共发生 1044 处地质灾害，23 人伤亡，直接经济损失 3.8 亿元，给当地人民的生活带来巨大损失。另外，统计发现地面塌陷主要发生在 2012—2017 年，崩塌主要发生在 2019—2021 年，滑坡每 2～3 年就会集中发生，而泥石流则较少发生。

表 3 – 10　2012—2021 年河南省地质灾害概况

年份	发生地质灾害数量/处	滑坡/处	崩塌/处	泥石流/处	地面塌陷/处	人员伤亡/人	死亡人数/人	直接经济损失/万元
2012	50	16	7	1	26	0	0	898
2013	29	0	2	1	25	1	1	135
2014	30	—	—	—	—	0	0	130
2015	30	5	2	1	22	4	4	256
2016	89	43	19	9	18	0	0	2437
2017	20	8	1	0	11	0	0	279
2018	7	2	2	0	2	0	0	894
2019	6	4	2	0	0	0	0	335
2020	14	4	10	0	0	5	3	123
2021	769	228	452	14	74	13	12	32557

资料来源：《中国统计年鉴》（2013—2022 年）。

3.2.5　森林灾害

本部分主要介绍河南省森林病虫害和森林火灾的概况。截至 2021 年，河南省现有林业用地 520.74 万公顷，森林面积为 403.18 万公顷，森林覆盖率达 24.14%。长期以来，河南省森林火灾一直频繁发生。表 3 – 11 显示，2012—2021 年河南省发生森林火灾共 1823 次，未发生重大火灾和特别重大火灾，以一般火灾为主（平均占比 88.7%），同时，火灾次数具有逐年下降的趋势。

表 3 - 11   2012—2021 年河南省森林灾害发生次数

年份	森林火灾次数/次	一般火灾/次	较大火灾/次	重大火灾/次	特别重大火灾/次
2012	328	286	42	0	0
2013	693	533	160	0	0
2014	265	210	55	0	0
2015	45	45	0	0	0
2016	191	179	12	0	0
2017	81	76	5	0	0
2018	41	37	4	0	0
2019	156	144	12	0	0
2020	16	14	2	0	0
2021	7	6	1	0	0

资料来源：《中国统计年鉴》（2013—2022 年）。

2012—2021 年，火场总面积和受害森林面积在逐年减少，但近些年其他损失折款高于早些年，2018 年前，平均单次火灾发生的其他折款在 0.2 万元以下，2018 年后变得不稳定，折款数额明显增加，2021 年更是达到 13.8 万元/次，这表明河南省森林火灾防控取得成效，但河南省的山地丘陵区主要由太行山地、豫西山地、豫南山地，以及位于这些山地前部的黄淮海平原构成（见表 3 - 12）。这个区域地形多变，地质灾害频发，给当地经济带来了不小的损失。目前，尽管加强了防控工作，但地质灾害的防范形势仍然严峻，需要进一步加强预防和控制措施。

表 3 - 12   2012—2021 年河南省森林火灾损失概况

年份	火场总面积/公顷	受害森林面积/公顷	伤亡人数/人	其他损失折款/万元
2012	738	192	0	39.2
2013	3048	619	0	92.3
2014	975	334	4	18.4
2015	210	3	0	3.5
2016	382	69	0	16.2
2017	237	14	0	13.5

年份	火场总面积/公顷	受害森林面积/公顷	伤亡人数/人	其他损失折款/万元
2018	126	5	1	67.8
2019	596	60	2	241.0
2020	92	42	0	6.9
2021	21	3	0	96.6

资料来源：《中国统计年鉴》（2013—2022年）。

2012—2021年，河南省共计561.99万公顷森林发生病虫害，防治483.23万公顷，年平均防治率达86.04%。如图3-3所示，十年间，森林病虫害发生面积和防治面积有逐渐较少的趋势，防治率有不断升高的趋势，发生面积区间为48.18万~59.79万公顷（年份分别是2021年、2015年），防治面积区间为42.73万~51.54万公顷（年份分别是2021年、2018年），防治率最高为90.3%（2018年），最低为82.9%（2016年）。具体来看，森林虫害的发生、防治面积远大于森林病害的发生、防治面积（森林虫害发生、防治年平均面积分别为45.25万公顷、38.68万公顷；森林病害发生、防治年平均面积分别为10.95万公顷、9.64万公顷）且年度变化不大；然而，大部分年份中森林病害的防治率略高于森林虫害（年平均防治率分别为88.07%和85.56%），防治率都有逐渐上升的趋势，如图3-4所示。

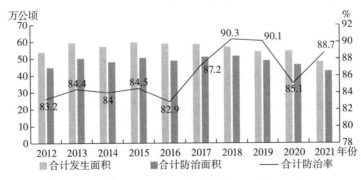

图3-3 2012—2021年河南省森林病虫害防治概况（合计）

资料来源：《中国统计年鉴》（2013—2022年）。

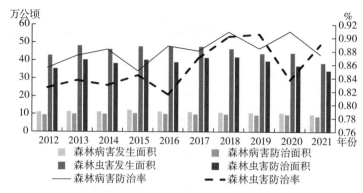

图 3 - 4　2012—2021 年河南省森林病害、森林虫害防治概况

资料来源：《中国统计年鉴》（2013—2022 年）。

综上所述，河南省属于灾害多发省份，从灾损角度看，对经济社会影响较大的灾害主要是干旱和洪涝灾害，这不仅与河南省的地理环境有关，也与人口、经济、社会管理等因素密不可分。

3.3　河南省大中城市防灾减灾能力评价

本节运用圣母大学全球适应性指数（ND - GAIN）评价模型，构建河南省防灾减灾能力评价指标体系，通过 ND - GAIN 得分、ND - GAIN 矩阵和 GIS 空间区划对 2021 年河南省 18 个地市防灾减灾能力水平进行综合评价与分析。

3.3.1　评价方法和评价指标体系

（1）评价方法

①ND - GAIN 指数

ND - GAIN 指数是由美国圣母大学开发的一套综合评估国家或地区在面对气候变化时的脆弱性以及为应对自然灾害所做的准备程度的评价体系。脆弱性主要从敏感性、暴露度和适应能力等方面进行衡量，涉及生态系统、医疗卫生、人居环境和基础设施等领域；准备程度主要从经济准备、管理准备和社会准备等来衡量。该评价模型旨在加强世界各国适应气候变化以及对其他全球性危机的认识，帮助政府、企业和社区更好地应对气候变化和自然灾害。圣母大学全球适应性指数计算公式如下：全球适应性指数（$ND-GAIN$）=［准备程度指数（PI）－脆弱性指数（VI）+1］×50。

②系统聚类法

系统聚类主要针对实测量进行分类，将特征相近的实测量分为一类，特征差异较大的实测量分在不同的类。

首先，考虑到本书使用的数据多为连续性变量，故选择欧几里得距离度量两个样本之间的相似度，具体公式如下：

$$d_{ij} = \sqrt{\sum_{k=1}^{n} (a_{ik} - a_{jk})^2} \qquad (3-1)$$

式（3-1）中：d_{ij}表示为样本 i、j 之间的距离；a_{ik}、a_{jk}分别为第 i、j 个样本在第 k 个维度上的评价值。

其次，依次求出任何两个样本点的距离系数 d_{ij}（i、$j=1$，2，…，n），则可形成一个样本间的距离矩阵，具体如下：

$$D = d_{ij} = \begin{bmatrix} d_{11} & \cdots & d_{1n} \\ \vdots & \ddots & \vdots \\ d_{n1} & \cdots & d_{nn} \end{bmatrix} \qquad (3-2)$$

再次，合并距离最近的两个样本点为一个类别，形成 $n-1$ 个类别，计算新类别与其他类别间的距离，形成新的距离矩阵。

最后，重复上次步骤，直到所有的数据都被合并为一个类别为止。

（2）评价指标体系

①评价指标体系构建

本书应用本课题组已经发表的《基于 ND-GAIN 的河南省抗灾能力评价研究》中的评价指标体系，对河南省城市防灾减灾能力进行评价研究。该指标体系基于 ND-GAIN 模型，脆弱性指数（VI）和准备程度指数（PI）中脆弱性指数主要考虑了暴露度、敏感性和适应能力三个方面；准备程度指数则从经济水平、管理制度和社会文化等角度进行评估。我们根据河南省的地形地貌、环境气候、社会人文等实际情况，并结合评价指标的科学性、系统性、层次性和可操作性等原则，对 ND-GAIN 模型进行了优化改进。我们剔除了不符合河南省实际情况的评价指标，并替换了一些不易量化的指标。经过一系列的筛选和替换，最终确定了2个一级指标、6个二级指标和20个三级指标，构建了适用于河南省的城市防灾减灾能力评价指标体系。这一指标体系可用于测度河南省城市的防灾减灾能力，见表3-13。

表3-13 河南省城市防灾减灾能力评价指标体系

一级指标	二级指标	三级指标
脆弱性指数（-）	暴露度（-）	人均耕地面积
		粮食耕地面积
		农用化学物质使用强度
		极端天气预期变化率
		地下水污染指数
	敏感性（-）	农村人口比例
		弱势群体比例
		资源依赖程度
	适应能力（+）	机械化水平
		人均道路面积
		农业用水量
		排灌机械拥有量
		水库数量
准备程度指数（+）	经济水平（+）	农民人均可支配收入
		防灾减灾经费投入
	管理制度（+）	应急专业人员数量
		防灾减灾政策
	社会文化（+）	教育水平
		城镇化水平
		社会救助能力

注：各级评价指标的正负性在括号内标出，（+）代表正向指标，（-）代表负向指标。

脆弱性指数（VI）。 在自然灾害、气候变化领域，脆弱性是指系统由于灾害等不利影响而遭受损害的程度或可能性。脆弱性指数主要从敏感性、暴露度和适应能力三方面来衡量。脆弱性指数越大，则该农业系统防灾减灾能力越弱。敏感性是指承灾体对自然环境变化的敏感程度和应对灾害损失的难易程度；暴露度是指在农业灾害发生过程中承灾体可能受到影响的程度和范围；适应能力是指农业系统响应外界压力、自我调节恢复的可持续性能力。

准备程度指数（PI）。准备程度指数是对国家或地区在社会管理、经济支撑等方面为抵御和减轻自然灾害所做的准备程度进行衡量的一个指标。准备程度指数越小，防灾减灾能力越弱。本书从经济水平、管理制度和社会文化三方面来探讨。

②数据标准化及指标权重计算

数据标准化。参考 ND–GAIN 计算公式，结合各评价指标的数据特征，对数据进行极值标准化处理。极值标准化可以使数据转化到 [0, 1]，便于进一步计算相关数值，同时可以消除指标量纲差异对结果的影响。正、负向指标标准化公式分别如下：

$$X'_{ij} = \frac{X_{ij} - X_{ij\min}}{X_{ij\max} - X_{ij\min}} \qquad (3-3)$$

$$X'_{ij} = \frac{X_{\max ij} - X_{ij}}{X_{ij\max} - X_{ij\min}} \qquad (3-4)$$

式中：X_{ij} 为原始指标数据；X'_{ij} 为指标标准化数据；$X_{ij\max}$ 为原始指标数据最大值；$X_{ij\min}$ 为原始指标数据最小值。

指标权重计算。为保障指标权重的客观性，采用熵权法确定评价指标的权重，计算公式为：

$$e_j = -\ln\left(\frac{1}{n}\right) \sum_{i=1}^{n} p_{ij} \ln p_{ij} \qquad (3-5)$$

$$w_j = \frac{1 - e_j}{n - \sum_{j=1}^{n} e_j} \qquad (3-6)$$

其中：

$$p_{ij} = \frac{X'_{ij}}{\sum_{i=1}^{n} X'_{ij}} \qquad (3-7)$$

式中：e_j 为熵值，$0 \leq e_j \leq 1$；n 为城市个数；w_j 为权重；p_{ij} 为第 j 项指标

下第 i 个样本占该指标的比重。

③防灾减灾能力指数计算方法

参考 ND – GAIN 模型中指标的计算方法，二级指标值对应三级指标的权重系数之和，一级指标对应二级指标的平均值。其中脆弱性指数（VI）最优得分为 0，越低越好；准备程度指数（PI）最优得分为 1，越高越好。脆弱性指数（VI）、准备程度指数（PI）和防灾减灾能力指数（ND – $GAIN$）计算公式分别为：

$$二级指标值 = \sum_{j=1}^{n} w_j X'_{ij} \qquad (3-8)$$

$$脆弱性指数(VI) = （暴露度值 + 敏感性值 + 适应能力值)/3$$
$$(3-9)$$

$$准备程度指数(PI) = （经济水平值 + 管理制度值 + 社会文化值)/3$$
$$(3-10)$$

$$防灾减灾能力指数(ND – GAIN) = ［准备程度指数(VI) -$$
$$脆弱性指数(PI) + 1］× 50 \qquad (3-11)$$

式中：n 为某二级指标对应三级指标个数；j 代表第 j 个三级指标。

3.3.2 河南省城市防灾减灾能力评价

为了确保数据的可靠性和准确性，我们在研究中使用了可获取和可量化的样本数据。这些数据主要来源于 2021 年的《中国统计年鉴》《河南省统计年鉴》等官方统计数据。在数据收集过程中，我们发现部分数据存在缺失的情况。为了填补这些缺失数据，我们使用了中国经济与社会发展统计数据库进行补充。此外，各地级市的其他数据资料来源于河南省各市统计局。

（1）ND – GAIN 得分分析

由式（3-6）、式（3-7）、式（3-8）、式（3-9）可计算得出 2021 年河南省 18 个地市防灾减灾能力各二级评价指标、脆弱性指数、准备程度指数和 ND – GAIN 指数情况，结果见表 3-14。另外，利用 ArcGIS10.8 软件绘制出 ND – GAIN 指数空间分布图。通过自然断点法将各地市的 ND – GAIN 指数划分为 4 个等级：N > 49.62，防灾减灾能力强，包含郑州市、南阳市；45.82 < N ≤ 49.62，防灾减灾能力处于中上等级，包含濮阳、鹤壁及新乡等9市；43.86 < N ≤ 45.82，防灾减灾能力处于中等水平，包含信阳、三门峡及平顶山等5市；N ≤ 43.86，防灾减灾能力较差，包含商丘市及周口市。

表 3 - 14　2021 年河南省大中城市防灾减灾能力水平排名

城市	暴露度	敏感性	适应能力	经济水平	管理制度	社会文化	脆弱性指数	准备程度指数	防灾减灾能力指数
郑州	0.6257	0.2993	0.4841	0.5477	0.4824	0.7335	0.4697	0.5879	55.9082
南阳	0.7234	0.3505	0.4546	0.3511	0.4089	0.7458	0.5095	0.5020	49.6231
许昌	0.5937	0.3256	0.4994	0.3886	0.3890	0.5931	0.4729	0.4569	49.1992
洛阳	0.6124	0.3202	0.5206	0.3548	0.3897	0.6391	0.4844	0.4612	48.8406
濮阳	0.7519	0.3164	0.5215	0.3187	0.5182	0.6471	0.5299	0.4946	48.2361
济源	0.6150	0.2584	0.5180	0.3879	0.3190	0.5587	0.4638	0.4219	47.9032
新乡	0.7187	0.3344	0.4759	0.3646	0.3761	0.6427	0.5096	0.4612	47.5758
焦作	0.6577	0.3020	0.4993	0.3974	0.3503	0.5635	0.4863	0.4371	47.5365
鹤壁	0.6572	0.2792	0.5047	0.3683	0.3289	0.5949	0.4804	0.4307	47.5168
漯河	0.6205	0.2931	0.5450	0.3557	0.3411	0.5704	0.4862	0.4224	46.8100
安阳	0.7730	0.3492	0.5060	0.3556	0.3676	0.6542	0.5427	0.4592	45.8210
信阳	0.8081	0.3155	0.4876	0.3381	0.3704	0.6444	0.5371	0.4510	45.6954
平顶山	0.7109	0.3352	0.5321	0.3310	0.3305	0.6353	0.5261	0.4323	45.3108
开封	0.7398	0.3425	0.5062	0.3304	0.3651	0.5996	0.5295	0.4317	45.1087
驻马店	0.7278	0.3391	0.4886	0.3115	0.3020	0.6364	0.5185	0.4166	44.9069
三门峡	0.6224	0.2845	0.5873	0.3408	0.2828	0.5419	0.4981	0.3885	44.5218
周口	0.7975	0.3669	0.4898	0.3139	0.3677	0.6042	0.5514	0.4286	43.8591
商丘	0.8342	0.3720	0.5369	0.3103	0.3657	0.5955	0.5810	0.4238	42.1407

根据表 3 - 14 的数据，可以得出以下结论：2021 年河南省的防灾减灾能力整体水平表现出西北部地区优于东南部地区的特点，这说明东南部地区更容易受到灾害的影响，需要引起关注。从防灾减灾能力排名来看，只有郑州市、南阳市的防灾减灾能力被评为强，有9个城市的能力被评为中上等，有5个城市的能力被评为中等，而有2个城市（周口市和商丘市）的能力被评为差。因此，当地有关部门迫切需要重视这些城市的情况，并

加大对防灾减灾能力建设的投入。

（2）矩阵分析

矩阵是一种用于快速比较各地区脆弱性程度和准备程度的直观分析工具。为了划分矩阵，我们使用了脆弱性指数和准备程度指数的中位数作为划分标准，将矩阵分为四个象限，如图3-5所示。其中，纵轴表示准备程度指数；横轴表示脆弱性指数。整体来看，有4座城市位于左上象限，其中，郑州市位置最高，即准备程度指数最高，同时脆弱性指数较低；其他城市在准备程度层面分布较为集中而脆弱性层面较为分散，这表明除郑州市外，其他城市在准备程度层面差异较脆弱性层面差异稍小；有5座城市位于右下象限，其中，商丘市脆弱性指数最高，而准备程度指数较低，表明其防灾减灾能力较弱，灾害造成的损失可能更大。

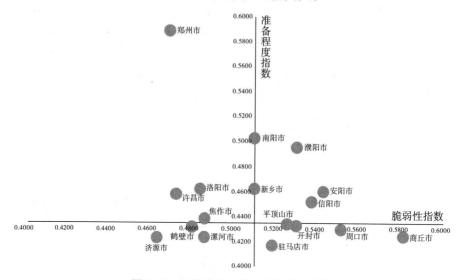

图3-5　河南省城市防灾减灾能力矩阵

①左上象限：位于该象限的城市具有较高的准备程度指数和较低的脆弱性指数，表明它们具备较高的防灾减灾能力。例如，郑州市、洛阳市等城市属于该象限。这些城市具备应对气候变化和自然灾害的能力，位于该象限的城市占比不足三成。

②左下象限：位于该象限的城市具有较低的准备程度指数和脆弱性指

数，表明它们本身不容易受到自然灾害的影响，但应对灾害所做的准备较为欠缺，即在灾害发生时缺乏充分的准备。例如，漯河市、济源市等城市属于该象限。位于该象限的城市占比不到两成。

③右上象限：位于该象限的城市具有较高的脆弱性指数和准备程度指数，表明它们容易受到自然灾害的影响，但同时也具备一定的应对能力和灾后恢复能力。例如，濮阳市、安阳市等城市属于该象限。位于该象限的城市占比约17%。

④右下象限：位于该象限的城市具有较高的脆弱性指数和较低的准备程度指数，表明它们既容易受到气候变化的影响，又缺乏充分的应对能力。例如，周口市、商丘市和驻马店市属于该象限。这些城市需要特别关注。位于该象限的城市占比近三成。

（3）聚类分析

本书采用 SPSS27.0 软件中的系统聚类分析法对河南省18个城市脆弱性、准备程度进行分类。样品区间采用欧氏距离，聚类方法采用组间连接，得到聚类结果。

根据计算绘制得到的聚类结果谱系图可以将河南省18个城市脆弱性指数分为4组（见图3-6）。

①第一组：商丘市。商丘市脆弱性指数最高，达0.5810，这主要是其暴露度和敏感性较高导致的。商丘市地处豫东平原，城镇化水平相对较低，农业占生产总值的比重较大，故人均耕地面积、农用化学物质使用强度、地下水污染指数、农村人口比例和弱势群体比例较大导致其脆弱性指数较高。

②第二组：周口、信阳、安阳、平顶山、开封、濮阳。该组城市分布于豫南、豫东和豫北地区，具有两个共同点：一是农村人口和弱势群体比例较高，导致敏感性较高；二是适应能力水平中等，两者最终导致脆弱性指数相近，被归为一类。

③第三组：南阳、新乡、驻马店。南阳和驻马店均位于豫南地区，在人均耕地面积、粮食耕地面积、农村人口比例、弱势群体比例等指标上数

值相近，均高于位于豫北地区的新乡市对应指标数值，而新乡市在农用化学物质使用强度、资源依赖程度指标上数值高于南阳市和驻马店市，故新乡市暴露度和敏感性稍低；南阳市在水库数量、排灌机械拥有量和农业用水量指标上具有优势，故适应能力较强。

④第四组：漯河、焦作、洛阳、鹤壁、三门峡、郑州、许昌、济源。该组城市的脆弱性指数均小于0.49，其中济源市最低，达0.4638。郑州市在人均耕地面积、农村人口比例和弱势群体比例、排灌机械拥有量等指标上具有显著优势，但对资源依赖程度最高，且人均道路面积最小；许昌市地下水污染指数最小但人均道路面积最大；漯河市同样地下水污染指数最小，但水库数量最少，不利于抵御干旱水涝灾害；三门峡市农用化学物质使用强度最低，有利于减少暴露度，但机械化水平和排灌机械拥有量最低，不利于适应能力的提升；济源市人均耕地面积和粮食耕地面积最少，资源依赖程度最轻，同时机械化水平最高，这些因素共同作用使得济源市脆弱性最低。

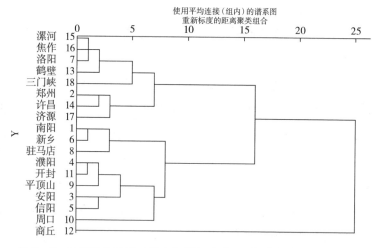

图3-6 使用平均连接（组内）的河南省18个城市脆弱性谱系图

根据计算绘制得到的聚类结果谱系图可以将河南省18个城市准备程度指数分为5组（见图3-7）。

①第一组：郑州。郑州市准备程度指数为0.5879，高居榜首。郑州市

在农民可支配收入、抗灾经费投入、防灾减灾政策、城镇化水平和社会救助能力指标上数值最高，故其经济水平、管理制度和社会文化得分均较高。值得注意的是郑州市教育水平相对较低。

②第二组：南阳、濮阳。这两个城市在经济水平方面得分均较低，故当地政府应更加关注农民生活，提高农民收入以增强农民自身抵抗灾害风险的能力，同时加大抗灾经费投入，提高政府、社会防灾减灾能力。另外，濮阳市在管理制度方面得分较高，而南阳市在社会文化方面更有优势。

③第三组：三门峡。三门峡准备程度指数为 0.3885，排名末尾。三门峡市在抗灾经费投入、应急专业人员数量、防灾减灾政策、教育水平和社会救助能力等指标上劣势明显，导致其经济水平、管理制度和社会文化得分较低。

④第四组：漯河、济源、商丘、驻马店、平顶山、开封、鹤壁、周口、焦作。该组城市数量较多，地理分布较为分散。漯河、济源、商丘在抗灾经费投入、应急专业人员数量和防灾减灾政策三个指标上数值相近；驻马店在农民人均可支配收入、抗灾经费投入、应急专业人员数量、防灾减灾政策以及城镇化水平指标上得分较低，而在教育水平方面具有较大优势；平顶山、开封、鹤壁和周口在抗灾经费投入和应急专业人员数量指标上得分较低，而在教育水平方面得分适中；焦作市在抗灾经费投入、应急专业人员数量、教育水平和社会救助能力指标上得分较低，而在农民人均可支配收入方面得分较高。

⑤第五组：新乡、洛阳、安阳、许昌、信阳。以上 5 个城市地理分布也较为分散，除豫东地区外均有分布。这 5 个城市在抗灾经费投入、应急专业人员数量指标上得分较低，而在防灾减灾政策方面处于较高水平。

3.3.3　城市防灾减灾能力影响因子分析

为了更加直观地展现河南省各地市防灾减灾能力影响因子得分差异，绘制暴露度、敏感性、适应能力、经济水平、管理制度和社会文化得分雷达图，见图 3－8 至图 3－9。

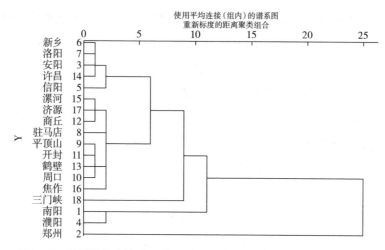

图3-7 使用平均连接（组内）的河南省18个城市准备程度谱系图

（1）脆弱性指数影响因子分析

脆弱性指数影响因子包括暴露度、敏感性和适应能力。从得分来看，所有城市均表现出暴露度＞适应能力＞敏感性；从分布来看，东部地区暴露度和敏感性高于西部地区、适应能力低于西部地区，这反映出东部地区脆弱性普遍高于西部地区。具体来看：

①暴露度

从得分角度看，得分较高的城市有安阳市、商丘市和周口市等，其得分偏高的主要原因包括广阔的耕地、大量使用化肥和农药以及较严重的水污染等，另外，异常气象的发生概率也较高。从地理分布看，东部地区得分高于西部、南北相当、中西部稍低。

②敏感性

从得分角度看，得分较高的城市有南阳市、商丘市和周口市等，其得分偏高的主要原因是农村人口、弱势群体占比较高。从地理分布看，东部地区得分普遍高于西部。

③适应能力

从得分角度看，得分越高，适应能力越低。得分较高的城市有三门峡市、漯河市和商丘等，其得分偏高的主要原因是人均道路、防灾减灾器械设施数量较少。从地理分布看，西部、北部得分稍高，表明其适应能力较低。

从地区的角度来看，不同城市的三个指数得分差异较大。例如，相比于南阳市，濮阳市的暴露度和敏感性差异不大，但濮阳市的适应能力较低，导致其脆弱性指数较高。同样地，相比于开封市，安阳市的适应能力和敏感性差别不大，但安阳市的暴露度较高，因此其脆弱性指数也较高。这说明要降低脆弱性指数，需要降低暴露度和敏感性，提高适应能力。然而，由于前两者涉及承灾体的内在属性，很难控制。因此，采取积极的措施来提高适应能力是河南省各地区降低脆弱性的主要途径。

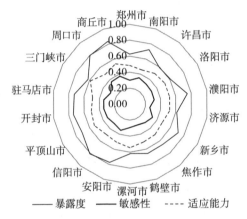

图3-8　河南省各城市脆弱性指数影响因子得分雷达图

（2）准备程度指数影响因子分析

准备程度指数影响因子包括经济水平、管理制度和社会文化。从得分来看，社会文化得分明显高于其他两项得分，表明社会文化对准备程度指数的影响最大，但其他两项对准备程度指数的影响也不容忽视。

①经济水平

从得分角度看，得分最高的城市是郑州市，得分远远高于其他城市；得分稍高的城市是焦作市、许昌市和济源市等；得分较低的城市是商丘市、驻马店市、周口市等。得分主要影响因素是农民人均可支配收入和防灾减灾经费投入，两者均与经济水平正相关。从地理分布看，东部较弱、北部地区得分稍高于南部。

②管理制度

从得分角度看，得分较高的城市是濮阳市和郑州市，这得益于其丰富的人才资源和完备的防灾减灾政策；得分较低的城市有三门峡市、驻马店市等。从地理分布看，东部地区得分高于西部地区、南部较中北部稍低。

③社会文化

从得分角度看，得分较高的城市是南阳市和郑州市，郑州市得益于其较高的城镇化水平和社会救助能力，南阳市得益于其较高的教育水平；得分较低的城市包括三门峡市、济源市和焦作市等。从地理分布看，中东部和中西部得分较低。

从空间来看，三个影响因子的得分呈现出分布不均且区域差异明显的特征；从地区的角度来看，郑州市在各项指标上都表现出明显的优势，取得了不错的得分。南阳市在社会文化方面表现出色；濮阳市则在管理制度方面得分较高；驻马店市和三门峡市在管理制度方面相对较弱；三门峡、济源、焦作等在社会文化方面存在一些不足；中东部城市则在经济水平方面存在一些短板。综上所述，提高准备程度指数不仅需要加快自身经济建设，还要重视制度建设，城市应尽可能建立专业人才资源库，制定并落实防灾减灾政策，同时提升社会救助能力，为防灾减灾提供充分准备。

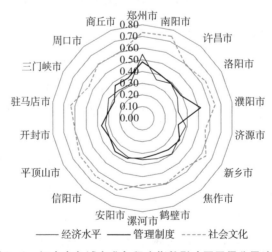

图3-9 河南省各城市准备程度指数影响因子得分雷达图

4 河南省大中城市防灾减灾支撑体系构建

通过对河南省灾害现状及城市防灾减灾能力的评估，识别河南省大中城市防灾减灾存在的问题，并以问题为导向，构建大中城市防灾减灾支撑体系。通过对大中城市防灾减灾支撑能力的评估，找到大中城市防灾减灾问题产生的根源，即大中城市防灾减灾支撑能力存在不足的方面。

根据城市防灾减灾支撑体系的定义，城市防灾减灾支撑体系包括防灾减灾基础设施支撑体系、防灾减灾经济支撑体系、防灾减灾社会支撑体系、防灾减灾生态支撑体系和防灾减灾管理支撑体系五部分。在参考国家和地方防灾减灾规划等文件并借鉴国内外相关研究基础上，遵循评价指标体系构建的系统性、层次性、有效性等原则，梳理并建立指标备选库，运用相关性分析等方法筛选指标，研制一套符合河南省省情的地方特色城市防灾减灾支撑体系，为评价我国大中城市防灾减灾支撑能力水平提供新的思路和方法，研制思路如图4-1所示。

4.1 城市防灾减灾支撑体系初建

本节主要展示城市防灾减灾支撑体系指标备选库的形成及指标筛选过程等内容。

4.1.1 指标体系构建原则

（1）规划原则

城市防灾减灾支撑体系建立应该符合我国防灾减灾规划，必须与我国和省级防灾减灾事业的顶层设计方向保持一致，二者之间密切衔接，相互

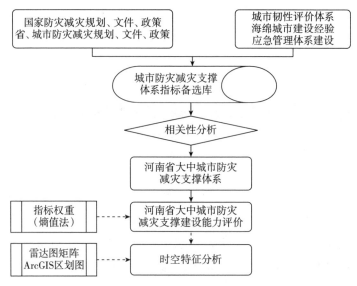

图4-1 河南省大中城市防灾减灾支撑体系构建和评价思路

补充，做到既能科学客观地评估我国城市防灾减灾支撑能力，又能指引我国城市防灾减灾支撑能力建设及未来发展。

（2）**系统性原则**

城市防灾减灾支撑体系是一个综合性体系，指标体系必须具有层次性，尽可能涵盖整个灾害过程，不仅要反映各个灾害阶段的防灾减灾支撑能力，还要从社会、经济、生态、基础设施、管理等角度考虑其对防灾减灾支撑能力的影响，反复选择，确保各项指标齐全并突出重点。同时，各变量因子要相互独立且彼此联系。

（3）**科学性和合理性原则**

选择指标时要有依据，确保其合理性，指标要相对稳定，测量标准要一致。在构建指标体系时，还要考虑其实施性。指标的定义要清晰，避免出现关联性高、重复性强等问题，且指标的数据要可获取。在满足这些基本要求的基础上，可以缩减指标的数量，使指标体系简洁有效，降低指标体系的复杂性，提高实用性。

（4）**定性与定量相结合原则**

城市防灾减灾支撑体系指标涵盖面广，为了全方位客观地评估城市防灾减灾支撑能力，除了定量指标外，还应包含一些定性指标。为了方便计算，本书通过问卷调查，利用李克特量表将定性指标量化。

4.1.2　指标备选库的形成及指标筛选

基于以上指标体系构建原则，结合我国和地方防灾减灾规划和方案、专家学者的相关研究，从基础设施、经济、社会、生态和管理五种韧性支撑体系构建城市防灾减灾支撑体系，相关指标归纳整理如表4-1所示。

表4-1　基于城市韧性的城市防灾减灾支撑体系指标备选库

维度	建设能力	备选指标
防灾减灾经济支撑体系	城市经济系统在面临外来破坏时，可以通过自身系统的缓冲、迅速调整等，快速恢复到稳定运转状态的支撑能力。包括产业结构、居民消费、就业等方面	人均 GDP 第三产业占 GDP 的比重 人均实际利用外资额 人均固定资产投资额 财政自给率 城镇居民人均可支配收入 城镇登记失业率 公共财政预算支出 公共财政收入占 GDP 的比重 就业人员数 教育支出占财政支出的比重 科学支出占财政支出的比重 二三产业产值占 GDP 的比重 规模以上工业企业个数 公共安全财政支出占比
防灾减灾社会支撑体系	城市社会对于灾害可以自我调节恢复稳定运行状态的支撑能力。包括保险、居民收入、财政支出等方面	城镇化率 每万人卫生技术人员数 每万人医院病床数 R&D 人员数 商业保险密度 城镇居民恩格尔系数 普通高等院校在校人数 城镇人口数量 非农就业人员比重 在岗工人平均工资 公共管理与社会组织人员 总人数比 人口密度 人口自然增长率

维度	建设能力	备选指标
防灾减灾基础设施支撑体系	灾前防范程度、灾时应对程度、灾后修复水平的支撑能力。包括城市供排水、供气、通信和电力系统等建设	每万人拥有公共图书馆量 人均城市道路面积 建成区排水管道密度 燃气普及率 移动电话普及率 互联网普及率 年底实有运营车辆 用水普及率 年底道路长度 排水管道长度 城市天然气供气总量 建成区面积
防灾减灾生态支撑体系	城市生态系统受到灾害破坏后可以不受限制维持自身平衡状态，或者经过调整后达到一种新的平衡状态的支撑能力。包括环境治理、生态保护等内容	建成区绿化覆盖率 人均公园绿地面积 污水排放量 污水处理量 污水日处理能力 全社会用电量 城市生活垃圾清运量 污水处理率 固体废物综合利用率 生活垃圾无害化处理率 单位 GDP 工业废水排放量 单位 GDP 工业二氧化硫排放量 单位 GDP 工业烟（粉）尘排放量
防灾减灾管理支撑体系	政府或相关单位在灾害发生前、灾害发生中、灾害发生后的应急管理支撑能力。包括规划、预案、应急措施、学习反思等方面	应急预案的完备性 应急资源保障能力 防灾减灾知识宣传教育的普及性 防灾减灾法规、制度完善程度 专业救援队伍的建设程度 现场指挥救灾能力 应急机制响应速度 灾情信息发布能力 防灾减灾管理人员质量 学习防灾经验与成长能力

4.1.3 备选指标筛选

为保证所选择的指标便于量化，数据能够获取，且指标所反映的信息不会重复，本书在形成备选指标库时已将数据无法获得、不易量化、信度效度难以控制的指标予以删除。

（1）指标数据标准化处理

首先，将指标进行"标准化"处理，评价指标体系应用于纵向时间维度对比和横向地区维度对比，评价指标应尽可能选用比率、指数或均值的形式来消除指标量纲对评价结果的影响。其次，收集 2017—2021 年这五年内河南省 18 个地级市各指标的时间序列数据，使用 Z – score 标准化法进行处理。具体的操作方法为：需要计算该指标的均值 $\bar{x}$ 和标准差 σ，然后用该变量的每一个观察值 $\bar{x}$ 减去均值 $\bar{x}$ 再除以标准差 σ，即：

$$x'_i = \frac{x_i - \bar{x}}{\sigma}(i = 1, 2, \cdots, n) \tag{4 - 1}$$

（2）指标筛选的相关性分析

①相关性分析

相关性分析是用于剔除信息重复的相关性指标。计算任意两个指标之间的相关系数，删除系数较大的一个指标，降低指标体系的复杂度，消除相关指标对结果的影响。本书借助统计软件 SPSS19.0 进行数据相关性分析。

②相关性分析的具体步骤

计算指标间的相关系数。设 r_{ij} 为第 i 个指标和第 j 个指标之间的相关系数，z_{ki} 为第 k 个评价主体对应的第 i 个指标的值，$\bar{Z}_i$ 为第 i 个指标的平均值。根据相关系数计算公式，则 r_{ij} 为：

$$r_{ij} = \frac{\sum_{k=1}^{n}(z_{ki} - \bar{Z}_i)(z_{ki} - \bar{Z}_j)}{\sqrt{\sum_{k=1}^{n}(z_{ki} - \bar{Z}_i)^2(z_{ki} - \bar{Z}_j)^2}} \tag{4 - 2}$$

设定临界值 $M = 0.8$，如果 $|r_{ij}| > M$，则删除其中的一个指标；反之，则保留这两个指标。

以防灾减灾基础设施支撑体系为例，相关性分析结果如表4-3所示。"年底道路长度（千米）"和"人均城市道路面积（平方米）"含义相近，保留比值型指标"人均城市道路面积（平方米）"；同理删除"排水管道长度（千米）"，保留"建成区排水管道密度（千米/平方千米）"；"燃气普及率（％）"与"城市天然气供气总量（万立方米）"相比，更能体现城市防灾减灾支撑能力，考虑删除"城市天然气供气总量（万立方米）"，保留"燃气普及率（％）"；同理删除"建成区面积（平方千米）"，保留"年底实有运营车辆（辆）"。

以此类推，对防灾减灾经济、社会、生态支撑体系指标做相关性分析，删除同一维度内含义相近和相关系数大于0.8的指标。最终指标的剔除结果如表4-2所示。防灾减灾管理支撑体系大多为定性指标，指标值采用问卷调查方式收集，不适合采用相关性分析进行指标筛选，故在组织问卷时已对指标进行独立性考察，确保指标体系的科学性和系统性。

表4-2　防灾减灾经济、社会、生态支撑体系指标相关性筛选结果

维度	保留指标	删除指标	替换依据
防灾减灾经济支撑体系	人均GDP/元/人	人均固定资产投资额/元/人	与较多指标相关系数大于0.8
	公共财政预算支出/亿元	规模以上工业企业个数/个	被保留指标更能体现城市防灾减灾支撑能力
	人均实际利用外资额/美元/人	财政自给率/%	被保留指标更能体现城市防灾减灾支撑能力
	第二产值占GDP的比重/%	二三产业产值占GDP的比重/%	被删除指标和被保留指标含义相近
防灾减灾社会支撑体系	城镇化率/%	每万人卫生技术人员数/人	被保留指标更能体现城市防灾减灾支撑能力，被删除指标和其他指标含义相近
	商业保险密度/元/人	R&D人员全时当量/人	被保留指标更能体现城市防灾减灾支撑能力
		普通高等院校在校人数/人	与较多指标相关系数大于0.8
		城镇人口数量/万人	被删除指标和其他指标含义相近

维度	保留指标	删除指标	替换依据
防灾减灾生态支撑体系	污水日处理能力/万立方米	污水排放量/万立方米	与较多指标相关系数大于0.8
		污水处理率/%	被删除指标和被保留指标含义相近
		污水处理量/万立方米	被删除指标和其他指标含义相近
		用电量/亿千瓦时	与较多指标相关系数大于0.8
		城市垃圾清运量/万吨	与较多指标相关系数大于0.8

（3）防灾减灾管理支撑体系确定步骤

①设计问卷

根据防灾减灾管理支撑体系的内涵，经专家评估，选取应急预案的完备性、应急资源保障能力、防灾减灾知识宣传教育的普及性、防灾减灾法规完善程度等数十个指标考察18个城市防灾减灾管理支撑能力。

②问卷发放

选择研究应急管理、城市韧性、防灾减灾相关领域的高校教师，应急管理厅的专家，在防灾减灾领域工作且经验丰富的工作人员等填写问卷。专家们需要依据自身素质及经验对河南省18个地级市2017—2021年防灾减灾管理支撑体系各指标打分（填写1~5的数字，分值越高代表该指标反映的防灾减灾管理支撑能力越好）。

③计算结果

将得到的评审结果和意见进行整理，计算出每项得分的平均值，即为该指标数值，和其他指标值一同参与权重计算和总分计算。

表4-3 防灾减灾基础设施支撑体系指标数据相关性分析

防灾减灾基础设施支撑体系		每万人拥有公共图书馆量/个/万人	人均城市道路面积/平方米	建成区排水管道密度/千米/平方千米	燃气普及率/%	移动电话普及率/%	互联网普及率/%	年底实有运营车辆/辆	用水普及率/%	年底道路长度/千米	排水管道长度/千米	城市天然气供气总量/万立方米	建成区面积/平方千米
每万人拥有公共图书馆量/个/万人	皮尔逊相关性	1	-0.063	-0.199	0.103	0.212*	0.184	-0.199	0.103	-0.257*	-0.262*	-0.186	-0.232*
	Sig.（双尾）		0.552	0.06	0.336	0.045	0.083	0.06	0.335	0.014	0.013	0.079	0.028
	个案数	90	90	90	90	90	90	90	90	90	90	90	90
人均城市道路面积/平方米	皮尔逊相关性	-0.063	1	0.206	0.283**	-0.262*	0.017	-0.353**	0	-0.366**	-0.329**	-0.430**	-0.381**
	Sig.（双尾）	0.552		0.051	0.007	0.013	0.872	0.001	0.997	0	0.002	0	0
	个案数	90	90	90	90	90	90	90	90	90	90	90	90
建成排水管道密度/千米平方千米	皮尔逊相关性	-0.199	0.206	1	0.203	0.099	0.125	0.012	0.178	0.046	0.115	-0.03	-0.101
	Sig.（双尾）	0.06	0.051		0.055	0.353	0.239	0.909	0.094	0.669	0.282	0.782	0.345
	个案数	90	90	90	90	90	90	90	90	90	90	90	90
燃气普及率/%	皮尔逊相关性	0.103	0.283**	0.203	1	0.099	0.331**	-0.289**	0.602**	-0.345**	-0.270**	-0.263*	-0.329**
	Sig.（双尾）	0.336	0.007	0.055		0.352	0.001	0.006	0	0.001	0.01	0.012	0.002
	个案数	90	90	90	90	90	90	90	90	90	90	90	90
移动电话普及率/%	皮尔逊相关性	0.212*	-0.262*	0.099	0.099	1	0.629**	0.638**	0.439**	0.538**	0.620**	0.700**	0.602**
	Sig.（双尾）	0.045	0.013	0.353	0.352		0	0	0	0	0	0	0
	个案数	90	90	90	90	90	90	90	90	90	90	90	90

续表

防灾减灾基础设施支撑体系		每万人拥有公共图书馆量/个/万人	人均城市道路面积/平方米	建成区排水管道密度/千米/平方千米	燃气普及率/%	移动电话普及率/%	互联网普及率/%	年底实有运营车辆/辆	用水普及率/%	年底道路长度/千米	排水管道长度/千米	城市天然气供气总量/万立方米	建成区面积/平方千米
互联网普及率/%	皮尔逊相关性	0.184	0.017	0.125	0.331**	0.629**	1	0.113	0.357**	0.157	0.194	0.236*	0.156
	Sig.（双尾）	0.083	0.872	0.239	0.001	0		0.291	0.001	0.14	0.067	0.025	0.143
	个案数	90	90	90	90	90	90	90	90	90	90	90	90
年底实有运营车辆/辆	皮尔逊相关性	-0.199	-0.353**	0.012	-0.289**	0.638**	0.113	1	0.113	0.855**	0.936**	0.926**	0.942**
	Sig.（双尾）	0.06	0.001	0.909	0.006	0	0.291		0.289	0	0	0	0
	个案数	90	90	90	90	90	90	90	90	90	90	90	90
用水普及率/%	皮尔逊相关性	0.103	0	0.178	0.602**	0.439**	0.357**	0.113	1	-0.03	0.084	0.176	0.055
	Sig.（双尾）	0.335	0.997	0.094	0	0	0.001	0.289		0.779	0.43	0.097	0.608
	个案数	90	90	90	90	90	90	90	90	90	90	90	90
年底道路长度/千米	皮尔逊相关性	-0.257*	-0.366**	0.046	-0.345**	0.538**	0.157	0.855**	-0.03	1	0.947**	0.858**	0.932**
	Sig.（双尾）	0.014	0	0.669	0.001	0	0.14	0	0.779		0	0	0
	个案数	90	90	90	90	90	90	90	90	90	90	90	90
排水管道长度/千米	皮尔逊相关性	-0.262*	-0.329**	0.115	-0.270**	0.620**	0.194	0.936**	0.084	0.947**	1	0.942**	0.972**
	Sig.（双尾）	0.013	0.002	0.282	0.01	0	0.067	0	0.43	0		0	0
	个案数	90	90	90	90	90	90	90	90	90	90	90	90

续表

防灾减灾基础设施支撑体系		每万人拥有公共图书馆量/个/万人	人均城市道路面积/平方米	建成区排水管道密度/千米/平方千米	燃气普及率/%	移动电话普及率/%	互联网普及率/%	年底实有运营车辆/辆	用水普及率/%	年底道路长度/千米	排水管道长度/千米	城市天然气供气总量/万立方米	建成区面积/平方千米
城市天然气供气总量/万立方米	皮尔逊相关性	-0.186	-0.430**	-0.03	-0.263*	0.700**	0.236*	0.926**	0.176	0.858**	0.942**	1	0.953**
	Sig.（双尾）	0.079	0	0.782	0.012	0	0.025	0	0.097	0	0		0
	个案数	90	90	90	90	90	90	90	90	90	90	90	90
建成区面积/平方千米	皮尔逊相关性	-0.232*	-0.381**	-0.101	-0.329**	0.602**	0.156	0.942**	0.055	0.932**	0.972**	0.953**	1
	Sig.（双尾）	0.028	0	0.345	0.002	0	0.143	0	0.608	0	0	0	
	个案数	90	90	90	90	90	90	90	90	90	90	90	90

注：* 在 0.05 级别（双尾），相关性显著。** 在 0.01 级别（双尾），相关性显著。

4.2 城市防灾减灾支撑体系的确定

4.2.1 城市防灾减灾支撑体系的形成

本书基于以上指标筛选后的结果，得到具有河南省特色的大中城市防灾减灾支撑体系，如表 4-4 所示。包括目标层、准测层、指标层三个层次，其中包含了 5 个一级指标和 46 个二级指标。定量指标的数据主要来源于《河南省统计年鉴》（2018—2022）、《中国城市统计年鉴》（2018—2022）；定性指标数据采用问卷调查法获得。缺失数值采用线性插值法予以补充。

表 4-4 河南省大中城市防灾减灾支撑体系及支撑能力指数评价体系

目标层	准则层	指标层	指标属性	数据来源
河南省大中城市防灾减灾支撑体系	防灾减灾经济支撑体系	人均 GDP/元/人	+	《河南省统计年鉴》（2018—2022）
		第三产业占 GDP 的比重/%	+	
		人均实际利用外资额/美元/人	+	
		城镇居民人均可支配收入/元	+	
		城镇登记失业率/%	−	
		公共财政预算支出/亿元	+	
		公共财政收入占 GDP 的比重/%	+	
		就业人员数/万人	+	
		教育支出占财政支出的比重/%	+	
		科学支出占财政支出的比重/%	+	
		公共安全财政支出占比/%	+	
	防灾减灾社会支撑体系	城镇化率/%	+	
		每万人医院病床数/张	+	
		商业保险密度/元/人	+	
		城镇居民恩格尔系数	−	
		非农就业人员比重/%	+	
		在岗工人平均工资/元	+	
		公共管理与社会组织人员占总人数比/%	+	
		人口密度/人/平方千米	−	
		人口自然增长率/‰	+	

目标层	准则层	指标层	指标属性	数据来源
河南省大中城市防灾减灾支撑体系	防灾减灾基础设施支撑体系	每万人拥有公共图书馆量/个/万人	+	《河南省统计年鉴》(2018—2022)
		人均城市道路面积/平方米	+	
		建成区排水管道密度/千米/平方千米	+	
		燃气普及率/%	+	
		移动电话普及率/%	+	
		互联网普及率/%	+	
		年底实有运营车辆/辆	+	
		用水普及率/%	+	
	防灾减灾生态支撑体系	建成区绿化覆盖率/%	+	《中国城市统计年鉴》(2018—2022)
		人均公园绿地面积/平方米	+	
		污水日处理能力/万立方米	+	
		固体废物综合利用率/%	+	
		生活垃圾无害化处理率/%	+	
		单位 GDP 工业废水排放量/吨/亿元	−	
		单位 GDP 工业二氧化硫排放量/吨/亿元	−	
		单位 GDP 工业烟（粉）尘排放量/吨/亿元	−	
	防灾减灾管理支撑体系	应急预案的完备性	+	问卷调查
		应急资源保障能力	+	
		防灾减灾知识宣传教育的普及性	+	
		防灾减灾法规、制度完善程度	+	
		专业救援队伍的建设程度	+	
		现场指挥救灾能力	+	
		应急机制响应速度	+	
		灾情信息发布能力	+	
		防灾减灾管理人员质量	+	
		学习防灾经验与成长能力	+	

（1）防灾减灾经济支撑体系

①人均 GDP（元/人）：反映城市经济水平。经济水平越高，抗灾能力越强。

②第三产业占 GDP 的比重（%）：反映城市产业结构和社会化水平。产业结构的优化可以提高经济的抗风险能力。另外，第三产业属于服务行业，自然灾害对其影响较小，能够保障城市发展的有序性。

③人均实际利用外资额（美元/人）：反映城市经济活力和恢复性。外来资金的注入可以带动产业发展，提高城市经济活力和经济恢复力。

④城镇居民人均可支配收入（元）：反映城市人民生活水平的变化。居民人均可支配收入越多，对灾害的物质性损失承受能力和恢复正常生活能力就越强，城市防灾减灾韧性越高。

⑤城镇登记失业率（%）：反映经济脆弱性。失业率的上升是经济疲软的信号，代表经济放缓衰退。

⑥公共财政预算支出（亿元）：反映经济活跃度。

⑦公共财政收入占 GDP 的比重（%）：反映城市经济实力。城市的经济实力越强，越能快速有效地应对各种冲击和紧急情况。

⑧就业人员数（万人）：反映经济稳定性。

⑨教育支出占财政支出的比重（%）：反映城市发展智力潜力。教育和科学资源越好、占财政支出越高，其城市发展速度也就越快。

⑩科学支出占财政支出的比重（%）：反映经济活跃度。较高的科技水平有利于带动城市经济稳定健康发展，科学支出占财政支出的比重也体现了城市对科技发展的重视。

⑪公共安全财政支出占比（%）：反映社会资源储备能力。公共安全财政支出用于灾害防治项目，确保项目的顺利开展。

（2）防灾减灾社会支撑体系

①城镇化率（%）：反映社会抗灾害风险能力。城镇建筑质量、医疗、社会管理能力明显好于农村，表明城镇抗灾害能力强于农村地区。一般情况下，城镇化率越高，人员伤亡的可能性越小。

②每万人医院病床数（张）：反映城市医疗资源情况。城市医疗资源越丰富，灾后救援能力越强。

③商业保险密度（元/人）：反映居民在就业、医疗、养老等方面的风险投入能力。商业保险密度越大，居民灾害可承受程度越高。

④城镇居民恩格尔系数：反映城镇居民可用于除温饱外其他方面的消费能力。恩格尔系数越大，城镇居民在防灾减灾方面的消费越少，防灾减灾支撑能力越弱。

⑤非农就业人员比重（%）：反映居民抗农业灾害风险的能力。非农就业人员占比越大，意味着农民占比越小，则农业灾害造成的损失影响群体越少，社会整体抗农业灾害风险能力越强。

⑥在岗工人平均工资（元）：反映居民消费水平。在岗工人平均工资越高，可用于防灾减灾的消费潜力越大。

⑦公共管理与社会组织人员占总人数比（%）：反映社会灾害管理和救助能力。值越大意味着在灾害全过程中可投入的人力越多，管理能力和救助能力越强。

⑧人口密度（人/平方千米）：反映城市人口密集程度。人口越密集，灾害来临时造成人员和财产损失的可能性越大。

⑨人口自然增长率（‰）：反映人口增长水平。当前社会处于极低生育率环境中，人口减少带来的不利影响逐渐显现，势必影响防灾减灾支撑能力建设水平。

（3）防灾减灾基础设施支撑体系

①每万人拥有公共图书馆量（个/万人）：体现政府的教育宣传水平。每万人拥有图书馆量越多，一方面能提高居民的文化素养，另一方面越有利于提升居民的自救能力和面对灾害时的心理素质。

②人均城市道路面积（平方米）：道路有效宽度影响着救灾、应急物资筹集、调运等工作的效率。

③建成区排水管道密度（千米/平方千米）：反映城市建成区范围内的排水管道辐射程度。建设排水管道能够保护河湖的水质，实现水资源的再

利用，缓解水资源的不足，减少旱涝灾害的发生。

④燃气普及率（％）：反映城市基础设施建设情况。

⑤移动电话普及率（％）：通信工具普及程度越高，灾害救援效率越高。

⑥互联网普及率（％）：网络普及率越高，信息发布、接收效率越高。

⑦年底实有运营车辆（辆）：体现城市资源运输能力。能在灾害来临时最大限度地转移群众和搬运物资。

⑧用水普及率（％）：反映城市基础设施建设情况。

（4）防灾减灾生态支撑体系

①建成区绿化覆盖率（％）：反映城市绿化水平。林木、草地等对空气污染气象灾害的削弱作用明显，除了调节空气外，一定尺寸的绿地还可以固定土壤，减少土壤侵蚀，降温防火，使生态环境更加稳定。

②人均公园绿地面积（平方米）：人均园林绿地面积反映了灾后灾民与救灾物资安置的空间潜力，指标数值越高说明可容纳的区域越多，灾害适应能力越强，脆弱性水平也就越低。

③污水日处理能力（万立方米）、固体废物综合利用率（％）、生活垃圾无害化处理率（％）：反映生态恢复力。城市必然会产生废弃物和污染物，但为了生态环境而采用高标准的处理方法，就能提升城市处理废弃物和污染物的能力，减轻对环境的损害，增强城市恢复自然环境的能力。

④单位 GDP 工业废水、工业二氧化硫、工业烟（粉）尘排放量（吨/亿元）：衡量城市经济水平与生态环境污染的关系，数值越低，达到一定经济效益时对城市环境的危害越小，城市防灾减灾的韧性就越强。

（5）防灾减灾管理支撑体系

①应急预案的完备性：例如旱涝、洪涝等灾害是否具有各自的一套完整的预案体系。

②应急资源保障能力：救灾资金储备情况，救灾物资供应能力。在物资的存储方面，科学地设置储存地点、合理地设置储存点的数量和容量。

③防灾减灾知识宣传教育的普及性：定期举办防灾减灾活动，在城市广告牌、宣传橱窗等地方宣传防灾减灾相关知识，进行防灾演习等。

④防灾减灾法规、制度完善程度：包括制定法律法规的数量，防灾减灾整个过程相关法规的覆盖率、制度的有效性等。

⑤专业救援队伍的建设程度：包括以武警、公安消防、解放军为核心组成的队伍，社会组织的救援队伍、企事业单位组织的救援队伍等，救援队伍的整体素质水平等。

⑥现场指挥救灾能力：现场领导在灾害发生时及时做出正确的决策，组织和指挥多支高水平的救援队伍，组建多个高科技的救援小组，下属机构快速遵从指令展开救援。

⑦应急机制响应速度：主要是在突发事件、危机和紧急事件发生后，有关管理机构采取应急措施，及时应对救援工作，充分调动一切可用资源和力量参与救援。

⑧灾情信息发布能力：包含灾害发生的时间、地点和背景，灾害目前的破坏程度，人员伤亡情况和资金损失状况以及已经采取的救援措施等。

⑨防灾减灾管理人员质量：管理人员对于灾害的危机意识、人力资源的储备机制的完善程度、政府对管理人员行使职权的相关政策支持等。

⑩学习防灾经验与成长能力：积极参与组织交流会、论坛等筹划救灾工作，学习研制高科技防灾装备，提升防灾救援能力等。

4.2.2　评估模型研究

（1）数据标准化及指标权重计算

①数据标准化。结合各评价指标属性，对正、负向指标数据进行极值标准化处理。正、负向指标标准化公式分别如下：

$$X'_{ij} = \frac{X_{ij} - X_{ij\min}}{X_{ij\max} - X_{ij\min}} \quad\quad (4-3)$$

$$X'_{ij} = \frac{X_{\max ij} - X_{ij}}{X_{ij\max} - X_{ij\min}} \qu\quad\quad (4-4)$$

式中：X_{ij} 为原始指标数据；X'_{ij} 为指标标准化数据；$X_{ij\max}$ 为原始指标数据最大值；$X_{ij\min}$ 为原始指标数据最小值。

②指标权重计算。为保障指标权重的客观性，采用熵权法确定评价指

标的权重，计算公式为：

$$e_j = -\ln\left(\frac{1}{n}\right) \sum_{i=1}^{n} p_{ij} \ln p_{ij} \qquad (4-5)$$

$$w_j = \frac{1 - e_j}{n - \sum_{j=1}^{n} e_j} \qquad (4-6)$$

其中：

$$p_{ij} = \frac{X'_{ij}}{\sum_{i=1}^{n} X'_{ij}} \qquad (4-7)$$

式中：e_j 为熵值，$0 \leqslant e_j \leqslant 1$；$n$ 为城市个数；w_j 为权重；p_{ij} 为第 j 项指标下第 i 个样本占该指标的比重。

（2）城市防灾减灾支撑能力指数

依据上文分别计算城市防灾减灾经济、社会、基础设施、生态和管理支撑建设能力得分，计算公式为：

$$S_i = \sum_{j=1}^{m} w_j p_{ij} \qquad (4-8)$$

式中：S_i 为各维度韧性支撑能力得分，m 为各维度支撑体系指标数量。S_i 值越大代表该维度韧性支撑能力越高，反之越低。

城市防灾减灾支撑能力指数为各维度韧性支撑能力得分总和，即：

$$S_i = \sum_{i=1}^{5} S_i \qquad (4-9)$$

S 值越大代表该城市防灾减灾支撑能力越高，反之越低。

5 河南省大中城市防灾减灾支撑能力评价与分析

河南省大中城市防灾减灾支撑能力评价主要从两个层面进行分析：河南省大中城市防灾减灾支撑能力变化和经济、社会、基础设施、生态和防灾减灾管理支撑能力变化。通过以上比较分析，总结出河南省大中城市防灾减灾支撑能力方面的优缺点，精准发现问题，为有针对性地提出河南省大中城市防灾减灾支撑能力提升策略，提供参考。

5.1 河南省大中城市综合防灾减灾支撑能力指数时空分析

5.1.1 河南省整体综合防灾减灾支撑能力指数评价

2017—2021 年河南省大中城市综合防灾减灾支撑能力由式（4–8）、式（4–9）计算得到，结果如图 5–1、图 5–2 所示。

（1）空间特征

依据"河南省行政区划与地名学会"对河南省区域的划分，河南省划分为豫西、豫中、豫东、豫南和豫北地区，如表 5–1 所示。参考何敏（2021）对城市韧性指数划分办法，对河南省大中城市防灾减灾支撑能力指数等级进行整理，将城市防灾减灾支撑能力指数划分为低、中、较高、高 4 类，其对应的区间依次为 0.2405 ~ 0.3184、0.3184 ~ 0.3795、0.3795 ~ 0.5056、0.5056 ~ 0.7807。总体来看，河南省大中城市综合防灾减灾支撑能力指数呈西、北部高，东、南部低的状况。其中，豫北地区的鹤壁市、焦作市、济源市与豫中地区的郑州市以及豫西地区的洛阳市得分较高，即城市综合防灾减灾支撑能力相对较高；豫东地区的商丘市、周口市以及豫南地区的信阳市得分较低，即城市综合防灾减灾支撑能力相对较差。郑州市综合防灾减灾支撑能力指数最高，处于较高或高等级，明显高于省内其他城市；洛阳市次之，城市综合防灾减灾支撑能力处于中或较高等级；其他城市综合防灾减灾支撑能力与郑州市、洛阳市有较大差距，除济源市、焦作市、鹤壁市和许昌市等城市个别年份城市综合防灾减灾支撑能力等级稍高外，大多数城市处于低等级。以上结果表明，河南省大中城市综合防灾减灾支撑能力差异较大，整体处于中等偏低水平。

表5-1　河南省区划说明

地区划分	划分依据	包含城市
豫中地区	总体来看，以京广线为界，京广线以西称为豫西，京广线以东称为豫东；以黄河为界，黄河以北的地区称为豫北，黄河以南的地区称为豫南	郑州市、平顶山市、许昌市、漯河市
豫东地区		开封市、商丘市、周口市
豫西地区		洛阳市、三门峡市
豫南地区		南阳市、驻马店市、信阳市
豫北地区		安阳市、新乡市、焦作市、濮阳市、鹤壁市、济源市

（2）时间特征

图5-1是根据城市综合防灾减灾支撑能力指数绘制的热图，颜色越深代表数值越大，城市综合防灾减灾支撑能力越高。整体来看，除郑州市、洛阳市和济源市外，热图右侧较左侧而言无明显高值区，说明河南省大部分城市综合防灾减灾支撑能力指数在研究期内总体稳定，即城市综合防灾减灾支撑能力在研究期内的提升作用有限。结合图可知，豫中地区城市综合防灾减灾支撑能力变化较为明显，郑州市从高等级降到较高等级后又升到高等级；平顶山从低等级升为中等级后再次降为低等级；许昌市和郑州市变化相反，从低等级升到中等级后再次降到低等级；漯河市等级无变化，城市防灾减灾支撑能力指数在2018年达到最大值后逐渐减小。豫西地区城市等级变化也较为明显，洛阳市从中等级逐渐升到较高等级，呈现增长态势；三门峡市在2018年从低等级升到中等级后，指数逐渐减小，到2021年指数显著低于2017年，表明三门峡市综合防灾减灾支撑能力出现倒退，应引起当地有关部

门的注意。豫北地区中，济源市和焦作市表现较为亮眼，2018—2021 年指数与 2017 年相比均有明显提高，从低等级升为中等级且呈现出稳定态势；鹤壁市综合防灾减灾支撑能力在 2021 年出现明显下滑，可能与受新冠疫情和洪涝灾害冲击较大有关；其他城市综合防灾减灾支撑能力在研究期内均为低等级，指数呈现不稳定状态。豫东和豫南地区城市综合防灾减灾支撑能力在研究期内均为低等级，其中，信阳市、商丘市、南阳市综合防灾减灾支撑能力指数表现为小幅度提升状态，周口市和驻马店市综合防灾减灾支撑能力指数变化不显著，呈稳定状态，而开封市综合防灾减灾支撑能力指数在 2021 年前呈现增长态势，2021 年出现明显下滑。

	2017	2018	2019	2020	2021
郑州市	0.7809	0.6636	0.6683	0.6112	0.8555
开封市	0.2345	0.2649	0.2654	0.2494	0.1819
洛阳市	0.3786	0.4504	0.4702	0.5012	0.5014
平顶山市	0.2021	0.2493	0.2878	0.2665	0.1918
安阳市	0.2111	0.2264	0.2141	0.2466	0.1822
鹤壁市	0.2563	0.2994	0.2646	0.2870	0.2150
新乡市	0.2471	0.2326	0.1989	0.2569	0.2219
焦作市	0.2569	0.3247	0.3118	0.3163	0.2836
濮阳市	0.1892	0.2484	0.2609	0.2424	0.2038
许昌市	0.2205	0.2805	0.2645	0.2772	0.2221
漯河市	0.1896	0.2467	0.2122	0.2147	0.1949
三门峡市	0.2466	0.2910	0.2348	0.2586	0.2077
南阳市	0.1722	0.1966	0.2261	0.2303	0.2237
商丘市	0.1440	0.1741	0.1692	0.1529	0.1661
信阳市	0.1435	0.1853	0.1728	0.1866	0.1672
周口市	0.1306	0.1399	0.1484	0.1667	0.1336
驻马店市	0.1988	0.2142	0.1869	0.2076	0.2260
济源市	0.2367	0.2947	0.2450	0.4154	0.3978

城市防灾减灾支撑能力　　0　　　　1

图 5 - 1　2017—2021 年河南省大中城市综合防灾减灾支撑能力指数变化

5.1.2　河南省大中城市综合防灾减灾支撑能力指数评价

2017—2021 年河南省整体综合防灾减灾支撑能力数值取自河南省 18 个大中城市防灾减灾支撑能力均值，如图 5 -2 所示。

总体来看，河南省整体综合防灾减灾支撑能力指数在 0.24 ~ 0.29 分，处于偏低水平；从时间上看，河南省整体综合防灾减灾支撑能力处于波动中上升阶段。2019 年，河南省部分地区遭遇了较为严重的自然灾害，灾害种类多、叠加效应强，干旱、风雹、洪涝灾害尤为严重，城市综合防灾减

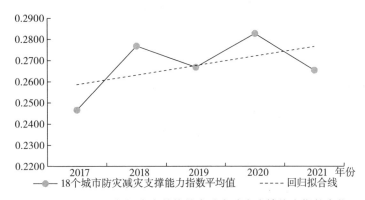

图 5 – 2　2017—2021 年河南省整体综合防灾减灾支撑能力指数变化

灾支撑能力因此受到影响；2021 年，河南省受暴雨灾害和新冠疫情双重影响，城市基础设施、经济、社会等受到严重冲击，城市综合防灾减灾支撑能力因此较大幅度下降。

5.2　防灾减灾支撑能力时空分析

为进一步研究影响河南省大中城市防灾减灾支撑能力空间异质性的原因，从全省、区域和城市三个层面分析经济、社会、基础设施、生态和管理五类防灾减灾支撑能力的时空特征，揭示全省、各区域和各城市五类防灾减灾支撑能力存在的薄弱环节。

5.2.1　全省层面防灾减灾支撑能力变化分析

取用 2017—2021 年河南省大中城市各类防灾减灾支撑能力均值表示河南省各类城市防灾减灾支撑能力得分，结果如图 5 – 3 所示。

整体来看，防灾减灾管理支撑能力和防灾减灾社会支撑能力得分较高，表明防灾减灾管理支撑能力和防灾减灾社会支撑能力对河南省城市防灾减灾支撑能力的贡献度较高；防灾减灾经济支撑能力得分位于五类韧性支撑能力的中间位置，对河南省城市防灾减灾的支撑能力的贡献度适中；防灾减灾生态支撑能力和防灾减灾基础设施支撑能力得分较低，说明河南省在城市生态、基础设施支撑能力建设方面表现较差，对河南省城市防灾减灾支撑能力的贡献度较低。

就变化趋势而言，防灾减灾社会支撑能力得分先下降后上升，防灾减灾管理支撑能力得分持续上升，防灾减灾生态支撑能力得分呈轻微上升趋势，说明河南省在防灾减灾管理、社会、生态支撑能力建设方面所做的准备工作正在不断完善；经济防灾减灾呈小幅波动状态，表明河南省防灾减灾经济支撑能力建设水平相对不稳定、缺乏持续上升的活力，经济发展情况有待改善；防灾减灾基础设施能力于2018年后呈波动下降趋势，对河南省城市防灾减灾的支撑能力持续减弱。综上所述，河南省应重点关注经济、基础设施和生态防灾减灾方面的支撑能力建设。

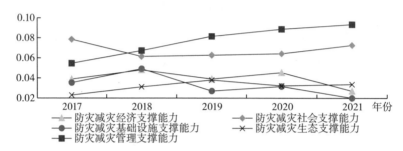

图5-3 2017—2021年河南省城市五类防灾减灾支撑能力变化

5.2.2 区域层面城市五类防灾减灾支撑能力时空分析

河南省区域特征差异明显，各区域遭受自然灾害风险的概率也各不相同，因此从区域层面评价城市五类防灾减灾支撑能力很有必要。本节按照豫中、豫东、豫西、豫南和豫北地区五个区域，分别对各区域进行城市五类防灾减灾支撑能力评价。各区域城市五类防灾减灾支撑能力得分为城市对应城市五类防灾减灾支撑能力得分的均值。

（1）防灾减灾经济支撑能力

2017—2021年河南省五个区域城市防灾减灾经济支撑能力得分如图5-4所示。防灾减灾经济支撑能力得分大致在0.02～0.07，防灾减灾经济支撑能力得分最高的是豫西地区，最低的是豫东地区，总体上各地区防灾减灾经济支撑能力得分差异较小。2017—2020年，各地区防灾减灾经济支撑能力得分处于波动上升状态，2021年受新冠疫情和洪涝灾害影响，防灾减灾经济支撑能力得分显著下降。从增长速度来看，豫中地区、豫北地区和豫西地区较快，豫南地区和与豫东地区较慢。

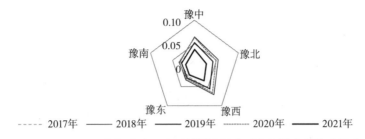

图 5 - 4 **2017—2021 年河南省五个区域城市防灾减灾经济支撑能力得分变化**

（2）防灾减灾社会支撑能力

2017—2021 年河南省五个区域城市防灾减灾社会支撑能力得分如图 5 -5 所示。防灾减灾社会支撑能力得分大致在 0.03 ~ 0.17，防灾减灾社会支撑能力得分最高的是豫中地区，其次是豫西地区和豫北地区，豫南地区和豫东地区防灾减灾社会支撑能力得分较低。总体来看，除豫中地区外，剩余地区防灾减灾社会支撑能力得分差异较小。从时间上看，各地区防灾减灾经济支撑能力得分先下降后上升。从增长速度来看，豫中地区最快，其他地区增长速度较慢且差异较小。

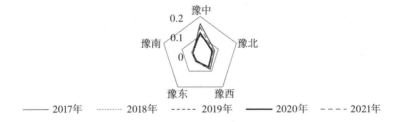

图 5 - 5 **2017—2021 年河南省五个区域城市防灾减灾社会支撑能力得分变化**

（3）防灾减灾基础设施支撑能力

2017—2021 年河南省五个区域城市防灾减灾基础设施支撑能力得分如图 5 -6 所示。防灾减灾基础设施支撑能力得分大致在 0.01 ~ 0.07，防灾减灾基础设施支撑能力得分较高的是豫中地区、豫北地区和豫西地区，豫南地区和豫东地区防灾减灾基础设施支撑能力得分较低。总体上各地区防灾减灾基础设施支撑能力得分差异较小。从时间上看，各地区防灾减灾基础设施支撑能力得分先上升后下降。从波动程度来看，豫中地区、豫北地区和豫西地区较大，豫南地区和豫东地区较小。

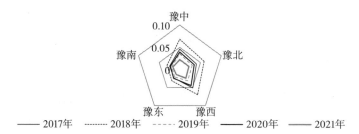

图5－6 2017—2021年河南省区五个域城市防灾减灾基础设施支撑能力得分变化

（4）防灾减灾生态支撑能力

2017—2021年河南省五个区域城市防灾减灾生态支撑能力得分如图5－7所示。防灾减灾生态支撑能力得分大致在0.02～0.05，防灾减灾生态支撑能力得分最高的是豫中地区，豫南地区次之，豫西地区、豫北地区和豫东地区防灾减灾生态支撑能力得分较低。总体上各地区防灾减灾生态支撑能力得分差异较小。从时间上看，各地区防灾减灾生态支撑能力得分呈逐渐上升状态。从增长速度上看，豫中地区和豫南地区较快、豫东地区和豫西地区次之、豫北地区较慢。

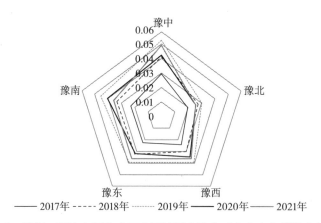

图5－7 2017—2021年河南省五个区域城市防灾减灾生态支撑能力得分变化

（5）防灾减灾管理支撑能力

2017—2021年河南省五个区域城市防灾减灾管理支撑能力得分如

图 5 - 8 所示。防灾减灾管理支撑能力得分大致在 0.05 ~ 0.18，防灾减灾管理支撑能力得分最高的是豫西地区，豫南地区、豫中地区和豫北地区适中，豫东地区防灾减灾管理支撑能力得分最低。总体上，各地区防灾减灾管理支撑能力得分差异较大。从时间上看，除豫东地区防灾减灾生态支撑能力得分在 2021 年出现明显下降外，其他地区呈逐渐上升状态。从增长速度上看，豫西地区最快、豫北地区和豫中地区次之、豫南地区较慢、豫东地区最慢甚至出现负增长。

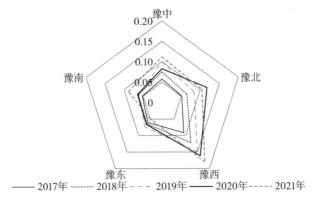

图 5 - 8 2017—2021 年河南省五个区域城市防灾减灾管理支撑能力得分变化

综上所述，豫中地区城市防灾减灾社会支撑能力和防灾减灾生态支撑能力得分最高，防灾减灾经济、基础设施和管理支撑能力得分处于中等水平；豫西地区城市防灾减灾管理支撑能力和防灾减灾经济支撑能力得分最高，防灾减灾社会支撑能力和基础设施支撑能力得分处于较高水平，防灾减灾生态支撑能力得分相对较低；豫北地区城市防灾减灾生态支撑能力得分相对较低，其他四类韧性支撑能力得分处于较高水平；豫南地区城市防灾减灾生态支撑能力得分处于较高水平，其他四类韧性支撑能力得分处于中等水平；豫东地区城市防灾减灾生态支撑能力得分处于中等水平，其他四类韧性支撑能力得分较低。综合来看，河南省区域城市韧性支撑能力水平依次为：豫西地区 > 豫中地区 > 豫北地区 > 豫南地区 > 豫东地区。河南省区域城市韧性支撑能力增长能力水平依次为：豫西地区 ≈ 豫中地区 > 豫北地区 > 豫南地区 > 豫东地区。

5.2.3 城市层面防灾减灾支撑能力时空分析

为进一步分析河南省全省及区域防灾减灾支撑能力产生异质性原因，明确各城市各类防灾减灾支撑能力差距，找到导致城市各类防灾减灾支撑能力不足的症结所在，从城市层面分析各类防灾减灾支撑能力时空特征以及城市间具有差异的原因很有必要。为了更加直观地分析各城市五类防灾减灾支撑能力水平，ArcGIS 软件绘制的时空变化图可以直观展示不同城市各类防灾减灾支撑能力的时空分布特征。

（1）防灾减灾经济支撑能力

本书采用自然断点法对 2017—2021 年各城市防灾减灾经济支撑能力的均值进行分级，共分为四级，分别是：较低、中等、较高和高，对应防灾减灾经济支撑能力得分区间为 ［0.0201，0.0285）、［0.0285，0.0436）、［0.0436，0.0627）、［0.0627，0.0873］，各等级包含城市数量占比依次为 5.56%、27.78%、44.44%、22.22%。从分布上看，防灾减灾经济支撑能力得分属于高等级的城市仅有郑州市，位于豫中地区；属于较高等级的城市有漯河市、鹤壁市、济源市、洛阳市和三门峡市，位于豫中、豫北和豫西地区；属于中等等级的城市有濮阳市、安阳市、新乡市等 8 个城市，位于豫北、豫中、豫东和豫南地区；属于较低等级的城市有商丘市、周口市、驻马店市和信阳市，位于豫东和豫南地区。总体来看，河南省中西部地区城市的防灾减灾经济支撑能力高于东部地区，河南省中北部地区的防灾减灾经济支撑能力高于南部地区。从时间上看，大部分城市防灾减灾经济支撑能力得分呈现出"M"形波动状态，在 2018 年和 2020 年处于较高位置，2021 年处于较低位置。

下面具体讨论各城市防灾减灾经济支撑能力影响因素的得分情况，影响因素的得分越高，表明城市在该方面的表现越突出，对防灾减灾经济支撑能力的提升贡献度越高，反之则较为欠缺，对防灾减灾经济支撑能力的提升贡献度也越低，分析结果以表格方式呈现（见表 5-2）。城市防灾减灾经济支撑能力不仅与居民就业水平和居民收入有关，还与城市对外开放水平、政府财政收入和支出、教育投资、科技投资和安全投资水平有关。

表5-2 河南省大中城市防灾减灾经济支撑能力影响因素得分情况

城市	优势	劣势
郑州	人均GDP、第三产业占GDP的比重、城镇居民人均可支配收入、公共财政预算支出、就业人员数、科学支出占财政支出的比重	教育支出占财政支出的比重、公共安全财政支出占比
开封	第三产业占GDP的比重、城镇登记失业率	人均实际利用外资额、城镇居民人均可支配收入、教育支出占财政支出的比重
洛阳	人均实际利用外资额、城镇居民人均可支配收入、科学支出占财政支出的比重	城镇登记失业率、教育支出占财政支出的比重
平顶山	公共安全财政支出占比	人均实际利用外资额、公共财政预算支出、科学支出占财政支出的比重
安阳	教育支出占财政支出的比重、公共安全财政支出占比	人均实际利用外资额、科学支出占财政支出的比重
鹤壁	人均实际利用外资额、科学支出占财政支出的比重	第三产业占GDP的比重、公共财政预算支出、就业人员数
新乡	公共安全财政支出占比	城镇登记失业率
焦作	公共安全财政支出占比	人均实际利用外资额
濮阳	教育支出占财政支出的比重	科学支出占财政支出的比重、公共财政预算支出、公共财政收入占GDP的比重、就业人员数
许昌	教育支出占财政支出的比重、公共安全财政支出占比	公共财政预算支出、公共财政收入占GDP的比重、就业人员数
漯河	人均实际利用外资额、科学支出占财政支出的比重	公共财政预算支出、就业人员数
三门峡	人均实际利用外资额	公共财政预算支出、就业人员数
南阳	就业人员数、教育支出占财政支出的比重	人均实际利用外资额、公共财政收入占GDP的比重
商丘	就业人员数	人均GDP、人均实际利用外资额
信阳	教育支出占财政支出的比重	人均GDP、人均实际利用外资额、城镇居民人均可支配收入、公共财政收入占GDP的比重、科学支出占财政支出的比重

续表

城市	优势	劣势
周口	就业人员数	人均 GDP、第三产业占 GDP 的比重、人均实际利用外资额、城镇居民人均可支配收入、城镇登记失业率、公共财政收入占 GDP 的比重、科学支出占财政支出的比重
驻马店	就业人员数	人均 GDP、第三产业占 GDP 的比重、人均实际利用外资额、城镇居民人均可支配收入、公共财政收入占 GDP 的比重
济源	人均 GDP、人均实际利用外资额	第三产业占 GDP 的比重、公共财政预算支出、就业人员数

（2）防灾减灾社会支撑能力

对各城市防灾减灾社会支撑能力的均值采用自然断点法进行分级，共分为四级，分别是：较低、中等、较高和高，对应防灾减灾社会支撑能力得分区间为：[0.0214，0.0421)、[0.0421，0.0640)、[0.0640，0.0886)、[0.0886，0.3520]，各等级包含城市数量占比依次为：5.56%、27.78%、38.89%、27.78%。从分布上看，防灾减灾社会支撑能力得分属于高等级的城市仅有郑州市，位于豫中地区；属于较高等级的城市有焦作市、鹤壁市、济源市、洛阳市和三门峡市，位于豫北和豫西地区；属于中等等级的城市有濮阳市、安阳市、新乡市等8个城市，位于豫北、豫东和豫中地区；属于较低等级的城市有商丘市、周口市、驻马店市、信阳市和南阳市，位于豫东和豫南地区。总体来看，河南省中西部地区城市的防灾减灾社会支撑能力高于东部地区，河南省中北部地区的防灾减灾社会支撑能力高于南部地区。从时间上看，防灾减灾社会支撑能力得分主要呈现出"U"形和逐渐上升两种状态。从波动情况看，郑州市波动程度最大，最低值为0.2715，最高值为0.4727；其他城市波动程度较小。

下面具体讨论各城市防灾减灾社会支撑能力影响因素的得分情况，影响因素的得分越高，表明城市在该方面的表现越突出，对防灾减灾社会支撑能力的提升贡献度越高，反之则较为欠缺，对防灾减灾社会支撑能力的提升贡献度也越低，分析结果以表格方式呈现（见表5－3）。社会防灾减灾经济支撑能力不仅与居民消费能力、居民商业保险密度有关，还与城市化水平、医疗水平、人口水平、社会就业率、社会公共管理水平等有关。

表5－3　河南省大中城市防灾减灾社会支撑能力影响因素得分情况

城市	优势	劣势
郑州	城镇化率、每万人医院病床数、商业保险密度、非农就业人员比重、在岗工人平均工资	人口密度
开封	城镇居民恩格尔系数	城镇化率、商业保险密度、非农就业人员比重
洛阳	城镇化率、每万人医院病床数、城镇居民恩格尔系数	人口密度
平顶山	人口密度	商业保险密度
安阳	无明显优势	每万人医院病床数
鹤壁	城镇化率、每万人医院病床数、非农就业人员比重、人口密度	商业保险密度、在岗工人平均工资
新乡	无明显优势	人口密度
焦作	城镇化率、每万人医院病床数、商业保险密度、非农就业人员比重	城镇居民恩格尔系数、在岗工人平均工资、公共管理与社会组织人员占总人数比
濮阳	人口密度	城镇化率、每万人医院病床数、城镇居民恩格尔系数
许昌	人口密度	每万人医院病床数、城镇居民恩格尔系数
漯河	商业保险密度	人口自然增长率
三门峡	城镇化率、每万人医院病床数、人口自然增长率	非农就业人员比重、人口密度、公共管理与社会组织人员占总人数比
南阳	人口密度	城镇化率、非农就业人员比重、在岗工人平均工资
商丘	人口自然增长率	城镇化率、每万人医院病床数、商业保险密度、城镇居民恩格尔系数、人口密度

城市	优势	劣势
信阳	人口密度	城镇化率、每万人医院病床数、商业保险密度、非农就业人员比重
周口	人口密度	城镇化率、每万人医院病床数、商业保险密度、在岗工人平均工资
驻马店	人口密度	城镇化率、商业保险密度
济源	城镇化率、非农就业人员比重、人口自然增长率、公共管理与社会组织人员占总人数比	每万人医院病床数

（3）防灾减灾基础设施支撑能力

对各城市防灾减灾基础设施支撑能力的均值采用自然断点法进行分级，共分为四级，分别是：较低、中等、较高和高，对应防灾减灾基础设施支撑能力得分区间为：[0.0179，0.0245)、[0.0245，0.0340)、[0.0340，0.0452)、[0.0452，0.0586]，各等级包含城市数量占比依次为：11.11%、33.33%、27.78%、27.78%。从分布上看，防灾减灾基础设施支撑能力得分属于高等级的城市有郑州市和鹤壁市，位于豫中和豫北地区；属于较高等级的城市有焦作市、濮阳市、许昌市、洛阳市等7个城市，位于豫北、豫中和豫西地区；属于中等等级的城市有新乡市、安阳市、济源市、平顶山市和驻马店市，位于豫北、豫南和豫中地区；属于较低等级的城市有商丘市、周口市、开封市、信阳市和南阳市，位于豫东和豫南地区。总体来看，河南省中西部地区城市的防灾减灾基础设施支撑能力高于东部地区，河南省中北部地区的防灾减灾基础设施支撑能力高于南部地区。从时间上看，防灾减灾基础设施支撑能力得分主要呈现出"M"形波动状态，在2018年和2020年处于较高位置，在2019年和2021年处于较低位置。

下面具体讨论各城市防灾减灾基础设施支撑能力影响因素的得分情况，影响因素的得分越高，表明城市在该方面的表现越突出，对防灾减灾基础设施支撑能力的提升贡献度越高，反之则较为欠缺，对防灾减灾基础设施支撑能力的提升贡献度也越低，分析结果以表格方式呈现（见表5-4）。城市防灾减灾基础设施支撑能力不仅与救灾避难所、车辆规模、道路规模有关，还与城市供气、供水、排水、通信水平有关。

表5－4　河南省大中城市防灾减灾基础设施支撑能力影响因素得分情况

城市	优势	劣势
郑州	年底实有运营车辆、用水普及率	每万人拥有公共图书馆量、人均城市道路面积
开封	无明显优势	每万人拥有公共图书馆量、移动电话普及率
洛阳	每万人拥有公共图书馆量、燃气普及率、年底实有运营车辆	人均城市道路面积、建成区排水管道密度
平顶山	无明显优势	无明显劣势
安阳	建成区排水管道密度、用水普及率	每万人拥有公共图书馆量、年底实有运营车辆
鹤壁	每万人拥有公共图书馆量、移动电话普及率	年底实有运营车辆
新乡	燃气普及率、用水普及率	人均城市道路面积、建成区排水管道密度、年底实有运营车辆
焦作	每万人拥有公共图书馆量、建成区排水管道密度、移动电话普及率、用水普及率	无明显劣势
濮阳	建成区排水管道密度	无明显劣势
许昌	人均城市道路面积	每万人拥有公共图书馆量、建成区排水管道密度
漯河	建成区排水管道密度、用水普及率	无明显劣势
三门峡	每万人拥有公共图书馆量、互联网普及率	人均城市道路面积、建成区排水管道密度、年底实有运营车辆
南阳	建成区排水管道密度、燃气普及率	每万人拥有公共图书馆量、人均城市道路面积、移动电话普及率、互联网普及率、年底实有运营车辆
商丘	无明显优势	每万人拥有公共图书馆量、人均城市道路面积、建成区排水管道密度、燃气普及率、移动电话普及率、用水普及率

城市	优势	劣势
信阳	无明显优势	人均城市道路面积、建成区排水管道密度、移动电话普及率、年底实有运营车辆
周口	人均城市道路面积、建成区排水管道密度	每万人拥有公共图书馆量、移动电话普及率、互联网普及率、年底实有运营车辆
驻马店	人均城市道路面积、建成区排水管道密度	每万人拥有公共图书馆量、移动电话普及率、互联网普及率
济源	燃气普及率、互联网普及率、用水普及率	每万人拥有公共图书馆量、年底实有运营车辆

（4）防灾减灾生态支撑能力

对各城市防灾减灾生态支撑能力的均值采用自然断点法进行分级，共分为四级，分别是：较低、中等、较高和高，对应防灾减灾生态支撑能力得分区间为：[0.0210, 0.0241)、[0.0241, 0.0321)、[0.0321, 0.0430)、[0.0430, 0.0674]，各等级包含城市数量占比依次为：5.56%、33.33%、38.89%、22.22%。从分布上看，防灾减灾生态支撑能力得分属于高等级的城市仅有郑州市，位于豫中地区；属于较高等级的城市有商丘市、洛阳市、平顶山市、漯河市、驻马店市和南阳市，位于豫东、豫中、豫西和豫南地区；属于中等等级的城市有安阳市、濮阳市、许昌市和周口市等7个城市，位于豫北、豫南、豫中和豫东地区；属于较低等级的城市有鹤壁市、新乡市、济源市和三门峡市，位于豫北和豫西地区。总体来看，河南省中西部地区城市的防灾减灾生态支撑能力高于周边地区，河南省中南部地区的防灾减灾生态支撑能力高于北部地区。从时间上看，防灾减灾生态支撑能力得分主要呈现出倒"U"形状态，2017—2019年防灾减灾生态支撑能力得分逐渐增长，2019—2021年防灾减灾生态支撑能力得分逐渐下降。

下文具体讨论各城市防灾减灾生态支撑能力影响因素的得分情况，影响因素的得分越高，表明城市在该方面的表现越突出，对防灾减灾生态支撑能力提升的贡献度越高，反之则较为欠缺，对防灾减灾生态支撑能力提升的贡献度越低，分析结果以表格方式呈现（见表5-5）。城市防灾减灾生态支撑能力不仅与城市绿化水平、废弃物处理能力有关，还与废水、废气排放水平有关。

表 5-5　河南省大中城市防灾减灾生态支撑能力影响因素得分情况

城市	优势	劣势
郑州	生活垃圾无害化处理率、单位 GDP 工业烟（粉）尘排放量、城市污水日处理能力	人均公园绿地面积、固体废物综合利用率
开封	生活垃圾无害化处理率、单位 GDP 工业二氧化硫排放量、单位 GDP 工业烟（粉）尘排放量	人均公园绿地面积
洛阳	城市污水日处理能力	固体废物综合利用率
平顶山	生活垃圾无害化处理率	人均公园绿地面积、单位 GDP 工业二氧化硫排放量
安阳	生活垃圾无害化处理率、单位 GDP 工业废水排放量	人均公园绿地面积、固体废物综合利用率、单位 GDP 工业烟（粉）尘排放量
鹤壁	建成区绿化覆盖率、生活垃圾无害化处理率、单位 GDP 工业烟（粉）尘排放量	单位 GDP 工业废水排放量、城市污水日处理能力
新乡	生活垃圾无害化处理率、单位 GDP 工业二氧化硫排放量	人均公园绿地面积、固体废物综合利用率、单位 GDP 工业废水排放量
焦作	生活垃圾无害化处理率	固体废物综合利用率、单位 GDP 工业废水排放量
濮阳	生活垃圾无害化处理率、固体废物综合利用率、单位 GDP 工业二氧化硫排放量、单位 GDP 工业烟（粉）尘排放量	单位 GDP 工业废水排放量、城市污水日处理能力
许昌	人均公园绿地面积、生活垃圾无害化处理率、固体废物综合利用率	建成区绿化覆盖率、单位 GDP 工业烟（粉）尘排放量、城市污水日处理能力
漯河	人均公园绿地面积、生活垃圾无害化处理率、固体废物综合利用率、单位 GDP 工业二氧化硫排放量、单位 GDP 工业烟（粉）尘排放量	城市污水日处理能力

城市	优势	劣势
三门峡	无明显优势	生活垃圾无害化处理率、固体废物综合利用率、城市污水日处理能力
南阳	建成区绿化覆盖率、生活垃圾无害化处理率	固体废物综合利用率
商丘	建成区绿化覆盖率、生活垃圾无害化处理率、固体废物综合利用率	城市污水日处理能力
信阳	建成区绿化覆盖率、生活垃圾无害化处理率、单位 GDP 工业废水排放量	固体废物综合利用率、城市污水日处理能力
周口	生活垃圾无害化处理率、单位 GDP 工业废水排放量、单位 GDP 工业二氧化硫排放量、单位 GDP 工业烟（粉）尘排放量	建成区绿化覆盖率、城市污水日处理能力
驻马店	人均公园绿地面积、建成区绿化覆盖率、生活垃圾无害化处理率、单位 GDP 工业二氧化硫排放量、单位 GDP 工业烟（粉）尘排放量	无明显劣势
济源	生活垃圾无害化处理率、固体废物综合利用率	人均公园绿地面积、单位 GDP 工业废水排放量、单位 GDP 工业二氧化硫排放量、单位 GDP 工业烟（粉）尘排放量、城市污水日处理能力

（5）防灾减灾管理支撑能力

对各城市防灾减灾管理支撑能力的均值采用自然断点法进行分级，共分为四级，分别是：较低、中等、较高和高，对应防灾减灾管理支撑能力得分区间为：[0.0308，0.0503）、[0.0503，0.0824）、[0.0824，0.1503）、[0.1503，0.2207]，各等级包含城市数量占比依次为：5.56%、22.22%、50.00%、22.22%。从分布上看，防灾减灾管理支撑能力得分属于高等级的城市仅有洛阳市，位于豫西地区；属于较高等级的城市有郑州市、开封市、焦作市和济源市，位于豫中、豫东和豫北地区；属于中等等级的城市有安阳市、濮阳市、许昌市和三门峡市等 8 个城市，位于豫北、豫南、豫中和豫西地区；属于较低等级的城市有商丘市、周口市、漯河市和信阳市，位于豫东和豫南地区。总体来看，河南省中西部地区城市的防灾减灾管理支撑能力高于东部地区，河南省中北部地区的防灾减灾管理支撑能力高于南部地区。从时间上看，防灾减灾管理支撑能力得分变化情况较多，南阳市、信阳市和济源市呈现出逐渐增长的趋势；焦作市、濮阳市、开封市和平顶山市等城市呈现出先上升后下降的状态；新乡市呈现先下降后上升的状态；三门峡市、漯河市、周口市、商丘市等城市呈现轻微波动状态。从增长速度上看，济源市和洛阳市增长最快，郑州市次之，其他城市增长速度相对较慢。

下面具体讨论各城市防灾减灾管理支撑能力影响因素的得分情况，影响因素的得分越高，表明城市在该方面的表现越突出，对防灾减灾管理支撑能力的提升贡献度越高，反之则较为欠缺，对防灾减灾管理支撑能力的提升贡献度越低，分析结果以表格方式呈现（见表5-6）。城市防灾减灾管理支撑能力不仅与应急管理体系建设水平有关，还与城市防灾减灾宣传教育、专业人员素质和组织的学习防灾经验与成长能力有关。

表5-6 河南省大中城市防灾减灾管理支撑能力影响因素得分情况

城市	优势	劣势
郑州	应急预案的完备性、应急资源保障能力	现场指挥救灾能力
开封	防灾减灾管理人员质量	应急预案的完备性、应急资源保障能力
洛阳	防灾减灾知识宣传教育的普及性、专业救援队伍的建设程度、现场指挥救灾能力、应急机制响应速度、灾情信息发布能力	无明显劣势
平顶山	专业救援队伍的建设程度	无明显劣势
安阳	防灾减灾法规、制度完善程度	无明显劣势
鹤壁	无明显优势	无明显劣势
新乡	无明显优势	防灾减灾法规、制度完善程度
焦作	专业救援队伍的建设程度、防灾减灾管理人员质量、学习防灾经验与成长能力	无明显劣势
濮阳	专业救援队伍的建设程度	无明显劣势

城市	优势	劣势
许昌	无明显优势	无明显劣势
漯河	无明显优势	防灾减灾法规、制度完善程度，防灾减灾管理人员质量
三门峡	无明显优势	防灾减灾知识宣传教育的普及性，防灾减灾法规、制度完善程度，现场指挥救灾能力，防灾减灾管理人员质量
南阳	专业救援队伍的建设程度	防灾减灾法规、制度完善程度，防灾减灾管理人员质量，学习防灾经验与成长能力
商丘	无明显优势	防灾减灾知识宣传教育的普及性，专业救援队伍的建设程度，防灾减灾管理人员质量
信阳	无明显优势	现场指挥救灾能力
周口	现场指挥救灾能力	防灾减灾知识宣传教育的普及性
驻马店	无明显优势	专业救援队伍的建设程度
济源	学习防灾经验与成长能力	无明显劣势

6 中国大中城市防灾减灾支撑体系建设

中国是一个灾害多发的国家，各种自然灾害和突发事故的发生给人民群众的生产生活造成了极大的损失，严重制约着社会经济的发展。自新中国成立以来，我国在防灾减灾支撑体系建设上不断探索和完善，经历了由弱到强，由被动到主动，由盲目到科学应对的过程。在党和政府的坚强领导下，我国的防灾减灾支撑体系建设由政府全权负责转变为政府主导社会参与的模式，在不断探索中完善防灾减灾救灾的管理方式，逐步将现代学科技术运用到灾害的预防和治理当中，并取得了一系列令世界瞩目的成绩：从以灾后救助为主到注重灾前预防，从以生产自救为主到政府主导、分级管理、社会互助、生产自救，中国在防灾减灾事业上已经逐步探索出并形成一套具有中国特色的机制体制；防灾减灾的工作逐步走向规范化、科学化和有效化；预防和灾害治理相结合，力争从灾害源头上减小灾害造成的损失和影响；将现代科学技术运用到灾害的预测和预防以及治理上，大大提高了我国在防灾减灾事业上的处理和应对能力。

6.1 中国大中城市防灾减灾支撑体系建设进程

自然灾害作为一种客观的自然现象，是不可能完全避免的，只能通过采取一定的措施去预防和减小灾害发生造成的影响，这需要做好防灾减灾支撑体系建设，要做好防灾减灾工作，就必须了解认识灾害发生的规律和特点，在此基础上采取科学有效的措施，才能最大限度地减少灾害发生给人类生命财产安全造成的损失。

6.1.1 中国的自然灾害发生情况

灾害是在特定的情况下由包含人类和自然社会条件的孕灾条件、致灾因素，以及承灾体三者共同构成的，致灾因素直接作用于承灾体，因此可以造成各种灾害性的后果。我国频发的自然灾害主要有：洪涝灾害、干旱灾害、地震灾害、地质灾害、海洋灾害、森林灾害等。

（1）洪涝灾害

世界气象组织官网在过去的50年里共报告了超过10000次与天气、气候和水有关的灾害，这些灾害的发生造成逾200万人的死亡和失踪，直接经济损失高达3万亿美元，表明全球平均每年要发生220次与天气有关的灾害，年均经济损失高达728亿美元，数据表明热带气旋造成的影响最大，其次是洪水。

我国是洪涝灾害高发的国家之一，有近2/3的国土面积受到不同程度的洪涝威胁。按照水利部和应急管理部国家减灾中心的统计数据，1991年至2022年，我国共计有超过6万人因洪涝灾害死亡或失踪，年均1917人，造成直接经济损失约5.19万亿元，年均1620亿元（见图6–1）。

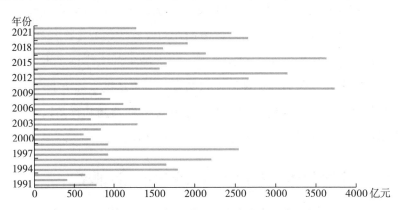

图6–1 1991—2022年洪涝灾害直接经济损失

资料来源：《2022中国水旱灾害防御公报》。

由图6–1可知，2010年、2013年和2016年是我国洪涝灾害损失较为严重的年份，2010年因洪涝灾害造成的直接经济损失为3745.43亿元，2013年因洪涝灾害造成的直接经济损失为3155.74亿元，2016年因洪涝灾害造成的直接经济损失为 3643.26 亿元，这三年的经济损失均超过 3000 亿元，其中，2010 年的经济损失最为严重。

2010 年 7 月长江流域多处发生超警戒洪水，大江大河干流除海河外均发生了超预警洪水，20 多条主要河流发生了超历史纪录的特大洪水。2013 年，多个台风登陆，23 条河流发生超历史实测纪录的大洪水，珠江流域北江发生超 20 年一遇的洪水。2016 年，长江、太湖以及海河流域均发生特大洪水，南北方多个城市发生严重内涝。

我国洪涝灾害的发生受地理环境和气候类型的影响，总体上呈现东部地区多，西部地区少，沿海地区多，内陆地区少，夏季多冬季少的特点。我国沿海地区，尤其是广东、海南和浙江，是洪涝灾害的频发区。此外，七大江河流域的中下游平原城市，如海口、南宁、广州、南昌、武汉、长沙、杭州、北京、石家庄、长春等，也经常遭受洪水的侵袭。

表 6-1 是 2012—2022 年我国发生的洪涝灾害统计情况，由表可知，近十年来，我国发生洪涝灾害年均农作物受灾面积高达 7105 千公顷，年均农作物成灾面积 3799 千公顷，年均因灾死亡人口 445 人，年均因灾失踪人口 111 人，倒塌房屋 23 万间。其中，2013 年造成的农作物受灾面积最大为 11777.53 千公顷，同年农作物成灾面积最大为 6540.81 千公顷，因灾死亡人口 775 人，因灾失踪人口 374 人，2012 年因灾倒塌房屋数量最多为 58.5 万间。洪涝灾害的发生给人民群众的生产生活造成重大影响，因此洪涝灾害的预测和预防至关重要。

表 6-1　2012—2022 年中国洪涝灾害统计情况

年份	农作物受灾面积/千公顷	农作物成灾面积/千公顷	因灾死亡人口/人	因灾失踪人口/人	倒塌房屋/万间
2012	11218.09	5871.41	673	159	58.50
2013	11777.53	6540.81	775	374	53.36
2014	5919.43	2829.99	486	91	25.99
2015	6132.06	3053.84	319	81	16.23
2016	9443.26	5063.49	686	207	42.77
2017	5196.47	2781.19	316	39	13.78

年份	农作物受灾面积/千公顷	农作物成灾面积/千公顷	因灾死亡人口/人	因灾失踪人口/人	倒塌房屋/万间
2018	6426.98	3131.16	187	32	8.51
2019	6680.40	3928.97	573	85	10.30
2020	7190.00	4118.21	230	49	9.00
2021	4760.43	2643.05	512	78	15.20
2022	3413.73	1834.57	143	28	3.13

资料来源：《2022 中国水旱灾害防御公报》。

(2) 干旱灾害

干旱灾害的发生频率高，持续时间长，影响范围广。在当前全球气候变暖和人类无节制破坏活动的影响下，干旱灾害问题日趋严重。我国位于亚洲季风气候区，西高东低，东部面朝大海，使得我国成为干旱灾害损失较为严重的国家之一。全国因干旱每年损失粮食上百亿公斤，占各种自然灾害造成粮食损失的60%；对工业造成的直接经济损失年均达144.7亿元。近年来，干旱灾害的发生不仅给农业、工业造成严重的经济损失，而且还容易诱发许多与干旱有关的灾害，尤其容易引起火灾，干旱发生时，多伴随高温、低湿、多风天气现象，极易诱发火灾，特别是森林火灾尤为突出。此外，干旱的发生还会引起虫灾、风沙灾害以及地质灾害等。

干旱灾害的发生对我国社会经济的发展产生重大影响，2012—2022年我国因干旱灾害造成的直接经济损失超过10000亿元，平均每年因干旱造成的经济损失就高达992亿元。由图6-2可知，2013年干旱灾害造成的损失最为严重，直接经济损失高达1274.51亿元，这是因为2013年我国部分地区遭遇罕见高温天气，继而引发干旱灾害的发生，气温高雨水少严重影响了区域群众的生产生活。

干旱灾害的发生对农作物造成的影响也是不可估量的，2012—2022年，我国年平均农作物因旱受灾面积为8407.34千公顷，年平均因旱成灾面积为4395.33千公顷，年平均因旱绝收面积为876.70千公顷，平均每年

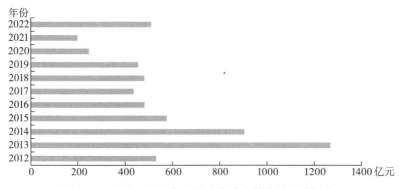

图 6 - 2　2012—2022 年干旱灾害造成的直接经济损失

资料来源:《2022 中国水旱灾害防御公报》。

有 882.19 万人和 639.84 万头牲口因干旱灾害而存在饮水困难的问题。如表 6 - 2 所示,2014 年农作物因旱受灾面积最大为 12271.70 千公顷,2013 年农作物的因旱成灾面积最大为 6971.17 千公顷,同年农作物因旱绝收面积最大为 1504.73 千公顷。2012 年到 2022 年,我国农作物的因旱受灾面积先是从 2012 年的 9333.33 千公顷增长到 2014 年的 12271.70 千公顷,表明这三年来我国的干旱灾害逐渐加重,随后又逐年下降到 2021 年的 3426.16 千公顷,2022 年因旱受灾面积又呈现上升的趋势。

表 6 - 2　2012—2022 年中国干旱灾害统计情况

年份	农作物因旱受灾面积/千公顷	农作物因旱成灾面积/千公顷	农作物因旱绝收面积/千公顷	因旱粮食损失/亿千克	因旱饮水困难人口/万人	因旱饮水困难牲口/万头
2012	9333.33	3508.53	373.80	116.12	1637.05	847.53
2013	11219.93	6971.17	1504.73	206.36	2240.54	1179.35
2014	12271.70	5677.10	1484.70	200.65	1783.42	883.29
2015	10067.05	5577.04	1005.39	144.41	836.43	806.77
2016	9872.76	6130.85	1018.20	190.64	469.25	649.73
2017	9946.43	4490.02	752.71	134.44	477.78	514.29
2018	7397.21	3667.23	610.21	156.97	306.69	462.30
2019	7838.00	4760.17	1113.60	92.29	692.29	368.10
2020	5018.00	2759.08	704.50	123.04	668.98	448.63

年份	农作物因旱受灾面积/千公顷	农作物因旱成灾面积/千公顷	农作物因旱绝收面积/千公顷	因旱粮食损失/亿千克	因旱饮水困难人口/万人	因旱饮水困难牲口/万头
2021	3426.16	1949.00	464.12	49.12	49.28	546.35
2022	6090.21	2858.39	611.78	57.44	542.38	331.92

资料来源:《2022 中国水旱灾害防御公报》。

(3) 地震灾害

地震是一种自然现象,地球表面一些山川沟壑的形成很有可能就是发生地震造成的。地震是指在地球内部动力的作用下,能量不断积累到超过岩石或者是断裂带所能承受极限时,地表发生错动,积累能量释放,形成的地面震动。地震的发生会破坏地震区的建筑物,甚至会改变地震区的地形地貌形成巨大沟壑或者是山川。通常用震级来形容地震释放的能量的多少,而地震烈度则表示发生的地震对地面和建筑物的破坏程度,也即地震的威力,如 2022 年 9 月 5 日四川泸定县发生的地震为 6.8 级,地震的最高烈度为Ⅸ度(9 度)。

我国是地震灾害多发且损失较为严重的国家之一,全球灾害数据显示,世界上约 35% 的 7 级以上大陆地震发生在我国,且近 1/3 的国土面积位于Ⅶ度以上的高地震烈度区。在 2012 到 2022 的十年里,我国(港、澳、台地区除外)遭受了四次 7.0~7.9 级的地震(见表 6-3),这些地震给全国多个省份带来了巨大的灾难,直接经济损失达到了 1461.29 亿元,受灾人口达到了数亿人。为了尽可能地减少地震灾害对人民生命、财产的威胁,我们应该把防震减灾作为我国的一项基本国策来实施。

地震的发生具有明显的分布性,主要集中在地震带附近。1976 年发生的 7.8 级唐山大地震位于西北向燕山地震构造带与东北向冀中平原地震构造带的交会部分,地震造成 24 万余人死亡,16 万余人受伤,直接经济损失超过 30 亿元,是人类历史上破坏较为严重的一次地震。2008 年发生的里氏 8.0 级的汶川大地震(简称"5·12"地震)位于龙门山地震带,此次地震造成近 7 万人死亡,是我国 30 年来遭受的最为严重的地震灾害,全国各地均有震感。

地震活动受到板块运动的影响，我国地处太平洋板块和欧亚板块的交界处，地震活动多发。我国的地震活动主要分布在五个地区和23条地震带上，五个地区分别是：中国台湾及其附近海域；西南地区，主要是西藏、四川西部和云南中西部；西北地区，主要在甘肃河西走廊、青海、宁夏、天山南北麓；华北地区，主要在太行山两侧，汾渭河谷，阴山—燕山一带，山东中部和渤海湾；东南沿海的福建、广东等地。

表6-3统计了2012—2022年我国5.0级及以上地震发生次数，由表可知，近十年间我国一共发生5.0级及以上地震166次，直接经济损失1461.29亿元，这意味着，平均每年要发生15次以上的5.0级及以上的地震，年均因地震造成的经济损失约为132.84亿元。7.0级以上的强震频率不高，但是6.0~6.9级的地震频率依然不低，平均每年要发生两次以上；2013—2015年与2021—2022年，5.0级及以上的地震发生频次较高，均超过10次，2022年甚至超过了20次。地震造成的人员伤亡和直接经济损失最大的是2014年，该年发生7.0级及以上地震1次，6.0~6.9级地震4次，5.0~5.9级地震14次。

表6-3 2012—2022年我国5.0级及以上地震的灾害统计情况

年份	5.0级及以上地震次数/次	5.0~5.9级	6.0~6.9级	7.0级及以上	死亡人数/人	直接经济损失/亿元
2012	12	8	3	—	86	82.88
2013	14	10	3	1	294	179.19
2014	20	14	4	1	623	332.61
2015	14	13	1		30	179.19
2016	16	8	4	—	1	66.87
2017	12	4	3	1	38	147.66
2018	11	7	—	—	—	30.27
2019	16	9	2	—	17	91.00
2020	5	3	2	—	5	20.54

年份	5.0级及以上地震次数/次	5.0~5.9级	6.0~6.9级	7.0级及以上	死亡人数/人	直接经济损失/亿元
2021	19	16	2	1	9	106.52
2022	27	22	5	—	122	224.56

资料来源：《中国统计年鉴》（2023年）。

（4）地质灾害

地质灾害主要包括崩塌、泥石流、滑坡、地面沉降、地面塌陷和地面裂缝等，是人类与自然界相互作用的结果。我国地质环境的特殊性决定了地质灾害的多样性和易发性。地质灾害的发生不仅受到自然地理环境的影响，还与地区气候、地震活动以及人类活动等因素有关，随着全球气候变暖，海平面上升，局部地区的气候发生变化，往往容易造成极端天气的发生，如暴雨、地震等使得我国地质灾害多发，且破坏力极大。我国一些突发性地质灾害，如崩塌滑坡、泥石流等，它们在一定程度上体现了我国的气候变化、水文环境和地质环境的综合演变规律，也体现了人类活动对环境的干扰。我国地质灾害多发地主要位于山岭地区，如华北地区南部、中南地区南部等，且多发于夏季。

由表6-4可知，2012—2022年，我国的地质灾害发生次数呈现先下降再增长，再下降的态势，平均每年要发生8661次地质灾害，年均经济损失高达41.78亿元。其中，2013年的地质灾害发生次数最多为15374次，造成的经济损失超过100亿元。统计结果发现，2012—2022年地质灾害类型中滑坡发生次数占比均较高，其次是崩塌灾害，泥石流灾害发生次数不及前两者但引起的损失和造成的影响仍不容忽视。地面塌陷灾害类型上，2012—2017年发生次数较多，均超过200次，其次是2021年发生285次。地面裂缝和地面沉降在2012—2019年不曾发生，但2020—2022连续三年均有发生。

表 6-4 2012—2022 年我国地质灾害统计情况

年份	发生地质灾害数量/处	滑坡/处	崩塌/处	泥石流/处	地面塌陷/处	地面裂缝/处	地面沉降/处	受伤人数/人	死亡或失踪人数/人	直接经济损失/亿元
2012	14675	11112	2152	952	364	—	—	636	293	62.53
2013	15374	9832	3288	1547	385	—	—	929	482	104.36
2014	10937	8149	1860	554	307	—	—	637	360	56.70
2015	8355	5668	1870	483	292	—	—	422	226	25.05
2016	10997	8194	1905	652	225	—	—	593	326	35.43
2017	7521	5524	1356	387	206	—	—	523	329	35.95
2018	2966	1631	858	339	122	—	—	185	105	14.71
2019	6181	4220	1238	599	121	—	—	75	224	27.7
2020	7840	4810	1797	899	183	143	8	58	139	50.2
2021	4772	2335	1746	374	285	21	11	—	91	32
2022	5659	3919	1366	202	153	4	15	34	106	15

资料来源:《中国统计年鉴》和《中国自然资源统计公报》(2013—2023)。

（5）海洋灾害

海洋自然环境发生异常或激烈变化，导致在海上或海岸发生的灾害称为海洋灾害。从类型上看，海洋灾害主要有风暴潮、赤潮、海浪、大型水藻等灾害。

我国海洋灾害主要有以下三个特点：

一是海洋灾害的类型多样，且影响的范围较广。海洋灾害发生时受影响的主要是沿海地区，我国沿海的省份较多，海岸线较长，因此发生海洋灾害时，受影响的省份也会较多，从而造成灾害的影响范围较广。此外，由于沿海的省份较多，且各省份的气候类型有所不同，因此发生的海洋灾害类型也不尽相同。其中，东海区域发生的海洋灾害最为严重，渤海和黄海区域发生的灾害类型最多。

二是海洋灾害发生的频率较高，破坏性大。海洋灾害的发生是非人为力量造成的，其中对人类的影响较为严重的就是风暴潮，其次是海浪灾害。风暴潮的破坏力往往会波及几个省份，破坏建筑物、公共设施以及生产生活秩序。2022 年我国就有四次台风登陆，19 个省份受到影响。

三是海洋灾害造成的损失增长速度较快。近年来，海洋灾害发生造成的破坏越来越严重，虽然灾害发生的次数下降，但是灾害发生造成的损失却在不断增长。2012—2022 年，海洋灾害造成的直接经济损失超过了 854.97 亿元。特别是 2013 年，一年的海洋经济损失就有近 163.48 亿元。

表 6 - 5 统计了 2012—2022 年我国海洋灾害发生情况，由表可知，2012—2022 年我国一共发生 894 次海洋灾害，造成的直接经济损失达 854.97 亿元，也就是说，平均每年我国要发生 81 次以上的海洋灾害，因海洋灾害造成的年均损失为 77.72 亿元。其中，2012 年海洋灾害发生次数最多为 138 次，2013 年海洋灾害造成的直接经济损失最高为 163.48 亿元。从海洋灾害的类型来看，2012—2022 年赤潮发生的次数最多，占海洋灾害总数的一半，其次是海浪灾害，风暴潮年均发生的次数相比前两者较少，但是风暴潮的破坏力比前两者更大，海冰灾害发生次数较少，2015—2018 年以年均一次的频率连续发生四年，大型水藻灾害只在 2021 年发生过两次。

表 6 - 5　2012—2022 年我国发生海洋灾害统计情况

年份	海洋灾害次数/次	风暴潮/次	赤潮/次	海浪/次	海冰/次	大型水藻/次	死亡或失踪人数/人	直接经济损失/亿元
2012	138	24	73	41	—	—	68	154.95
2013	115	26	46	43	—	—	121	163.48
2014	100	9	56	35	—	—	24	136.14
2015	79	10	35	33	1	—	30	72.74
2016	123	18	68	36	1	—	60	46.51
2017	119	16	68	34	1	—	17	56.05
2018	97	16	36	44	1	—	73	44.92
2019	17	5	2	10	—	—	22	117.03
2020	15	7	8	—	—	—	6	8.32

年份	海洋灾害次数/次	风暴潮/次	赤潮/次	海浪/次	海冰/次	大型水藻/次	死亡或失踪人数/人	直接经济损失/亿元
2021	79	9	58	9	1	2	28	30.71
2022	12	—	—	—	—	—	9	24.12

资料来源:《中国统计年鉴》(2013—2023)。

(6) 森林灾害

森林自然灾害包括森林病害、森林虫害、森林火灾、森林鸟兽害和森林气象灾害五大类,我国常发生的森林灾害主要是森林火灾和森林病虫害。

下面仅以森林火灾为例进行介绍,森林火灾是指人为因素或者非人为因素造成的无法控制的危害森林生态系统的林木着火行为。森林火灾最直接的后果就是烧死树木,破坏生态系统,严重时还会危及人类的生活安全。森林树木生长周期较长,一旦被烧毁很难恢复。此外,森林火灾的发生还会危害野生动物、引起水土流失、造成空气污染等。因此,森林火灾造成的影响不容忽视,我国于 2008 年通过《森林防火条例》,明确指出运用科学有效的方法,做好森林防火措施,最大限度减小火灾损失。

表 6-6 统计了 2012—2022 年我国森林火灾发生情况,由表可知,2012—2022 年我国一共发生 27092 次森林火灾,造成的损失折合人民币为 128.44 亿元,也即平均每年我国要发生 2462 次以上的森林火灾,因森林火灾造成的损失年均折款为 11.68 亿元。其中,2012 年发生的森林火灾次数最多为 3966 次,2014 年因森林火灾造成的损失折款最高为 42.51 亿元。从发生森林火灾次数的趋势来看,由 2012 年的 3966 次到 2022 年的 709 次,整体呈现逐渐下降的趋势,这也在一定程度上说明我国的森林防火防灾能力不断增强。重大火灾发生的次数较少,特别重大火灾在 2014 年发生一次后,2017—2019 年合计发生过 6 次。伤亡人数最多,经济损失最大的年份为 2014 年,该年涉及 30 个省(自治区、直辖市)发生森林火灾。

表 6 - 6   2012—2022 年我国森林火灾统计情况

年份	森林火灾次数/次	一般火灾/次	较大火灾/次	重大火灾/次	特别重大火灾/次	伤亡人数/人	其他损失折款/亿元
2012	3966	2397	1568	1	—	21	10.80
2013	3929	2347	1582	—	—	55	6.06
2014	3703	2080	1620	2	1	112	42.51
2015	2936	1676	1254	6	—	26	6.37
2016	2034	1340	693	1	—	36	4.14
2017	3223	2258	958	4	3	46	4.62
2018	2478	1579	894	3	2	39	20.44
2019	2345	1534	802	8	1	76	16.22
2020	1153	722	424	7	—	41	10.08
2021	616	295	321	—	—	28	3.32
2022	709	370	335	4	—	44	3.88

资料来源:《中国统计年鉴》(2013—2023)。

6.1.2 防灾减灾支撑体系建设进程

为了降低灾害发生造成的损失和影响,我国不断出台相关政策、文件和条例来指导防灾减灾工作的开展,缩小灾害影响范围,保障人民的生命财产安全。我国防灾减灾支撑体系的建设进程主要可分为三个阶段。

(1) 改革开放前的防灾减灾工作

改革开放前我国的防灾减灾工作处于探索阶段,灾害的应急管理主要集中在救灾上,代表性口号有"救人第一位"和"以工代赈",后期虽提出"以防为主,防救结合",但在具体的实践中预防措施并不突出。

新中国的成立改变了我国一旦发生灾害就引起饥荒的历史性问题,党和政府对灾害的防治和救济工作非常重视,将灾害的救治工作列为党的一项重要任务,把人民群众的生命财产安全放在第一位。在党和政府的领导下,我国的防灾减灾工作有序开展,首先设置灾害防治和救济工作的主管部门,明确职责;其次制定并出台灾害应对和救助的法规和政策,来指导地方政府有序开展防灾减灾工作;最后动员全国民众积极进行灾害的自救和互救,初步形成防灾减灾体制机制。

提出了"生产救灾"的灾害救助方针，在这一时期，党和政府顺应经济的发展形势，进一步提出要依靠群众，依靠集体，在生产自救的基础上，国家给予一定的救济，此后一直到1983年，我国防灾减灾工作的开展都围绕该方针。

为了规范灾害防治和救助工作，我国在这一时期还设置了一些主管机构，新中国成立后设置了内务部，由该机构掌管灾害的防治和救济工作，一直持续到1968年，在这19年里，我国还成立了中央救灾委员会，用于灾害的应急协调和指挥，使得我国的防灾减灾工作开展更加有序和有力。1957年，我国成立了中华人民共和国林业部护林防火办公室，主管全国的护林和防火工作。这些防灾减灾以及救灾组织和机构的设置是新中国成立以来，我国对于灾害的预防、治理和应对的初步探索，同时表明党和政府对灾害预防治理的重视。

水旱灾害是威胁我国社会发展和人民生命财产的常发性灾害，因此新中国成立后针对江河治理出台了一系列的规划和政策。1950年，政务院发布并实施《关于治淮方略的初步报告》，开启我国治水事业的伟大征程。1952年，《关于根治黄河水害和开发黄河水利的综合规划的决议》颁布，治黄工作进入大发展时期。为了进一步规范救灾工作，出台了一系列法规政策，为救灾工作提供法治保障。

在新中国成立到改革开放前这一时期，我国的防灾减灾工作一直处于探索阶段，防灾减灾的体制机制尚不健全，灾害的防治能力在摸索中不断提高。

(2)　改革开放后至21世纪初的防灾减灾工作

改革开放后，党和国家的重心转移到经济建设上来，我国进入了防灾减灾工作新的历史时期，开始关注灾前预报作用和救灾措施的完善，虽然灾害的预报主要集中在地震的预报和预防上，但由先前的救灾为主转变为防救结合是一个很大的进步。自然灾害防治体系逐步形成，同时还形成了协调有序的灾害管理运行机制。

针对特定灾害的预防和治理，我国成立了相应的部门。1979年《中华人民共和国森林法》试行，该法明确规定了森林防火机构和要求，1987 年大兴安岭的森林大火暴露了我国森林防火组织方面存在的问题，火灾过后经国务院批准成立中央森林防火总指挥部，第二年更名为国家森林防火总指挥部。1978 年组建民政局，这是我国历史上首个主管救灾救济的机构，1988 年，联合国为了提高各国对自然灾害的应对能力，成立了国际减灾十年指导委员会，1989 年，我国参与了国际减灾十年活动，经过国务院批准，我国也成立了"中国国际减灾十年委员会"，2000 年更名为"中国国际减灾委员会"，2005 年再次更名为"国家减灾委员会"，国家减灾委员会的成立极大地推动了我国防灾减灾工作的进程。除此之外，针对地震灾害，我国成立了专门的国务院抗震救灾指挥部，这些机构的成立对于我国在灾害的预防和治理方面发挥了巨大作用，同时还促进了我国与国际社会防灾减灾的合作。2003 年"非典"暴发，让我国意识到灾害的发生具有不确定性、复杂性和跨界性，由此我国开始建立具有综合性特征的防灾减灾应急体系。

1983 年，第八次全国民政会议将救灾工作方针在之前的基础上调整为"依靠群众，依靠集体，生产自救，互助互济，辅之以国家必要的救济和扶持"，加入了"互助互济"，同时生产自救不再是主要救灾措施。2006 年将救灾方针进一步更改为"政府主导，分级管理，社会互助，生产自救"。加入了"社会互助"，且排在了"生产自救"前面，这在一定程度上表明我国的灾害治理工作由先前的强调政府主导主抓过渡到强调社会化的进程上，同时相比灾害治理的探索时期，当前我国的防灾减灾更加侧重于社会人民的互帮互助，更加注重地方的主动作为和积极作为。

为治理水旱灾害，我国不断完善相关措施，陆续发布了《长江流域综合利用规划简要报告》《黄河治理开发规划纲要》等文件，规划在重视防洪的同时，也重视水利的开发利用。灾害防治工作的法制化建设加速。同时，针对特定灾种还出台了针对性指导法规，如指导防震减灾的《中华人民共和国防震减灾法》、指导防洪减灾的《中华人民共和国防洪法》、指导气象灾害的《中华人民共和国气象法》等，并在探索和实践的过程中不断修改和完善。1999 年，《中华人民共和国公益事业捐赠法》颁布并实施，该法明确指出要积极动员社会参与灾害救助。2003 年，非典疫情暴发，我国颁布了《突发公共卫生事件应急条例》，明确规定了我国在突发公共卫生事件前的预防准备和事件中的处理措施。2007 年，《中华人民共和国突发事件应对法》通过实施，该法是我国在防灾减灾工作开展上的基本法，对于防灾减灾的有序实施和开展具有重要指导意义。

总之，改革开放到 21 世纪初期这一阶段，我国在灾害的治理方面有了一定的成绩，防灾减灾的基本框架已经确立，在不断探索中完善防灾减灾的体制机制，防灾减灾工作成绩显著。

(3) 党的十八大以来的防灾减灾工作

党的十八大以来，党和政府提出"人与自然和谐共生"的新理念，防灾减灾工作也进入了新的发展阶段，灾害防治能力有所提高，防治体系更加科学化。

党的十八大以来，我国对国家机构的设置和成立进行了改革，为了防灾减灾工作的更好开展，成立了应急管理部，将先前改革开放时期成立主管灾害救助工作的民政部的工作职责转移到应急管理部，除此之外，先前由国务院办公厅承担的灾害应急管理工作也一并被划分给新成立的应急管理部。相比改革开放时期的民政部和原先的国务院办公厅，新成立的应急管理部无论是在灾害的应对上还是灾后的救助上都更加专业。应急管理部成立是我国应急管理体制改革的标志，将防灾和救灾的工作内容进行了统一，这在一定程度上体现出我国当前阶段对灾害防治的重视，防灾减灾两者并重。同时，应急管理部的成立也解决了先前民政部和国务院办公厅在灾害管理上职责不清和任务不明的问题，厘清机构职责关系，使得城市防灾减灾工作的开展更加高效。

社会经济快速发展的同时，人们对美好生活的要求更高，对当前生活环境有了更多的期待，而为了满足人们的生活需求，提供更加安全的生活环境成为当前政府开展工作需要努力的方向，在此背景下，《中共中央 国务院关于推进防灾减灾救灾体制机制改革的意见》（2016）（以下简称《意见》）正式出台并推行，该意见明确指出了城市防灾减灾工作的主要任务和防灾减灾支撑体系建设方向，提出要以灾害的预防为主要任务，做到防灾和救灾相结合，在采取措施进行常态防灾减灾的同时，还要结合当下进行非常态减灾，两者并行，为提高人民群众生活的安全指数做出努力。

防灾减灾的法治化进程也在不断深化，2016 年，我国颁布并实施了《中华人民共和国慈善法》，明确规定了在自然灾害和突发公共事件等应急过程中，慈善组织需要采取的措施和行动，是应对重大灾难、兜好民生底线不可忽视的重要社会力量。2017 年，《志愿服务条例》公布，这是我国首部针对志愿服务设定的法规，该条例规定发生自然灾害、公共卫生事故或者其他事故灾难时，政府相关部门应该立即组织引导志愿者展开行动，有序参与到救灾活动中。在"人与自然和谐共生"的理念被提出以后，我国就通过实际行动来践行该理念，首先在法规条例等的出台和制定方面做出改变，根据这一理念不断修订和完善相关文件，切实提高城市的灾害应对能力和防灾减灾工作的规范化、科学化和合理化，努力呈现人与自然和谐共生的理念，同时，也为城市的防灾减灾工作提供政策性指导和法律性的保障，提升城市整体的风险防范能力。

习近平总书记提出，"防灾减灾、抗灾救灾是人类生存发展的永恒著作"。从新中国成立初期的摸索阶段，到现如今的不断强化阶段，我国在防灾减灾事业上不断探索，取得了一个个阶段性的胜利。当前我国更加注重提高群众和城市整体的风险防范意识，灾害的应对方面也有了很大的改变，不再是单单地在灾害发生以后提供救灾帮助，而是将防灾减灾的工作重心前移，更加注重灾害的预测和预防，试图在灾害发生前采取一定的措施制止灾害影响范围的扩大，力求从源头上做好防范工作，一改先前减少灾害造成损失的防灾减灾态度，大幅提高人民群众的生活质量和幸福指数。

总之，党的十八大以来我国在城市防灾减灾支撑体系建设上，注重风险防范，强调区域联动应对灾害，同时，在灾害的预防和应对方面由单一灾种预防和应对转变为综合防灾减灾，提高城市整体的风险防范和应对能力，注重将现代科学技术运用到灾害的防范和应对上，借助科技做好防灾减灾工作。此外，党的十八大提出"政府主导、公众参与"的基层治理口号，在防灾减灾领域同样适用，在城市防灾减灾方面，开始注重引导社会力量参与进来，共同应对潜在的风险隐患和自然灾害，由此形成的防灾减灾支撑体系更加具有中国特色，在一次次突发自然灾害和突发公共卫生事故中经受住了巨大考验，取得了重大成就。

6.2 中国大中城市防灾减灾支撑体系建设成就

党的十八大以来，以习近平同志为核心的党中央高度重视应急管理和防灾减灾，把防范重大灾害风险纳入制度设计，专设应急管理部，负责应对自然灾害、突发公共卫生事件和生产事故等灾害风险。党中央出台了一系列重要决策部署，推进全国灾害风险普查等"九大工程"，系统提高全社会防灾减灾抗灾救灾能力。

习近平总书记对防灾减灾救灾做出一系列批示，提出"人民至上、生命至上""两个坚持""三个转变"等防灾减灾思想和"四个精准"的要求，明确了中国减灾事业的战略定位、发展方向和工作目标，为中国防灾减灾救灾工作提供了根本遵循。围绕习近平总书记的防灾减灾核心思想，10 年来，中国新时代应急管理也在管理体系完善、灾害普查、应急队伍建设、信息化建设、灾害风险预估、发展应急产业、建立应急救援中心等方面取得了一系列成效。

6.2.1 构建新型应急管理体系

构建了新的应急管理体系，减灾能力显著提升，减灾成效已经凸显。2018 年，党中央决定创立应急管理部，该部整合了原有 11 个部门的 13 项职责，并建立了国家矿山安全监察局以及综合性消防救援队伍。建立风险联合会商研判机制、自然灾害防治部际联席会议制度、扁平化指挥机制等措施，推动修订若干应急管理法律法规和应急预案，由上而下地全面、系统、完整地重建我国应急管理体系。基本形成了中国特色的应急管理体制，具备统一指挥、专业化与常态化兼备、上下联动、反应敏捷的特点，全灾种覆盖的大型应急工作格局也基本上形成。取得了中国应急管理历史上的瞩目成就，并引发了历史性的变革。

在新型应急管理体系下，新组建的应急管理部综合统筹全国应急减灾工作；综合性消防救援队伍发挥专业救援救灾的重要作用；实施自然灾害防治九大重点工程（包括隐患排查、保护修复、设施加固、移民搬迁等重大工程），启动首次全国自然灾害综合风险普查，推动一批包括江河治理、洪涝灾害、火灾、地质灾害防治，建筑物改造加固等重点工程，覆盖了各种主要灾害的防治。此外，正在布局 6 个国家区域应急救援中心，以便在面临突发事件时，实现各区域和全国范围内物资和人员的快速调配和区域策应，形成中心性的指挥协调力量。从而显著提升了中国防灾减灾救灾的指挥决策、综合协调和支撑保障能力，大大提高了减灾成效。

在新型应急管理体系下，我国应急管理体系不断完善、应急救援效能明显提高、安全生产水平稳步上升、基层灾害预防设施工程水平和城乡综合防灾减灾能力显著提高。例如，从灾损数量统计层面上来看，相较于"十二五"时期（2011—2015 年），"十三五"时期（2016—2020 年）全国自然灾害因灾死亡失踪人数、倒塌房屋数量和直接经济损失占国内生产总值（GDP）比重分别下降 37.6%、70.8% 和 38.9%；同样的指标，与 2000—2012 年相比，2013—2021 年分别下降约 87%、87%、62%；2018—2021 年，全国自然灾害年均死亡/失踪人数较前 5 年均值下降 51.6%；与 2015 年相比，2020 年全国各类事故、较大事故和重特大事故起数分别下降约 43%、36% 和 58%，死亡人数分别下降 38.8%、37.3% 和 65.9%。说明中国应急管理能力得到了全面提升，新体制新体系起到了重要的推进作用。

6.2.2　开展灾害综合风险普查

为全面了解我国自然灾害风险隐患情况，提升全社会应对自然灾害的综合能力，我国在 2020 年启动了新中国成立以来的第一次全国自然灾害综合风险普查。普查的内容主要包括三个方面：一是乡村地区的致灾要素和承灾体，如人口、房屋、桥梁、道路等；二是乡镇、社区的综合减灾能力；三是家庭的灾害风险意识和自救互救能力。经过全国性的普查，已经基本了解了全国自然灾害的风险底数和重点地区的抗灾能力，同时也基本掌握了乡村灾害风险隐患的基础数据和基层的防灾减灾能力，已经全方位地掌握了各种灾害的发生状况、致灾情况以及重要承灾体的相关信息，了解了自然灾害的风险模式和规律，建立了一套自然灾害风险防控的技术支持系统。这些都为我们全方位地进行灾害风险的评估和区域划分工作奠定了稳固的基础。此外，这次普查还推动和完善了致灾因子调查，带动了承灾体调查，具有开创性。

此次调查历时近 3 年（2020—2023 年），获取了数十亿条全国灾害风险要素数据，囊括了全国地震灾害、地质灾害、气象灾害、水旱灾害、海洋灾害、森林草原火灾 6 大类 23 种灾害致灾要素数据，1978 年以来年度灾害和 1949 年以来重大灾害事件调查数据，以及重点灾害隐患调查数据等，调查覆盖全国 100% 的乡镇、100% 的社区（行政村）和 7‰的家庭，通过各方协同，完成了此次具有开创性意义的灾害普查。

在普查的基础上，全国及各区域灵活应用普查数据，根据自身条件，形成了一批普查应用成果，且这些成果融合了地域特点和行业特色。服务于国家重大需求，国务院普查办组织专题组开展了北京冬奥会和冬残奥会、杭州亚运会所在区域的自然灾害综合风险评估，形成专题评估报告，提出安全保障工作建议；服务于行业发展需要，普查结果已被应用于全国自建房安全专项整治工作、"十四五"期间灾害防治工程、自然灾害监测预警信息化工程、防洪减灾工程体系、地质灾害防治和海洋灾害隐患治理、应急指挥平台建设和气象大数据云平台，等等；服务于城市安全管理。北京、上海、浙江、福建、山东等地将普查数据与智慧城市、城市大脑等城市管理平台融合，为城市自然灾害监测预警、风险会商评估、应急救援处置等提供数据支持和决策参考，切实提高城市安全管理水平；服务于基层能力提升。立足于"普查数据取之于基层、用之于基层"的定位，各地积极探索将普查成果融入社区综合管理体系，加强普查数据成果分析、打造高效智慧的"全科大网络"基层社会治理体系，以网格化管理来筑牢基层防灾减灾的人民防线。下一步，为继续深化普查成果的应用，实现风险的动态管理，建立普查常态化的工作机制，将着力完成全国评估与区划任务，着力做好数据库建设和管理运行，着力深化拓展普查成果运用，着力探索常态化普查机制。

6.2.3 建立综合性消防救援队伍

建立国家综合性消防救援队伍是构建新时代国家应急救援体系的重要举措，是立足我国国情和灾害特点，推进现代化应急体系建设的必要举措。该队伍的重要责任是科学有效地处置应对各类灾害事故，全面提高预防灾害、减少灾害、减轻灾害破坏损失和救灾的能力以及保障安全生产等方面的能力，确保人民生命和财产的安全以及社会稳定。

原来的抢险救援只是扑救火灾和救人，现在消防救援队伍职能任务大大增加，重点发展"全灾种、大应急"的综合救援能力，扩大救援范围，涵盖了城乡和气象灾害、地质灾害和火灾扑救以及危险化学物品泄漏、建筑物坍塌等各种灾害事故救援，各地分类别组建了相应专业救援队，建设了南方、北方空中救援基地，全面增强了空中和地面救援力量。

成立五年来，为响应应急管理部党组的统一部署，综合性消防救援队伍主动融入应急管理工作大局，不断创新消防安全治理方式，全力防治各种灾害风险，保障人民生命财产安全，维护社会稳定，经受住了一次又一次的考验，取得了一次又一次的胜利。截至2023年11月，综合性消防救援队伍组建五年来，营救疏散被困群众295万余人，出色完成了江苏"3·21"响水化工企业爆炸事故、河南"7·20"郑州特大暴雨、"8·19"重庆江津区森林火灾、四川"9·5"泸定地震等重大应急救援任务，有效保护了人民群众生命财产安全。五年来，在社会经济总量、城市建成区面积、森林覆盖率大幅增加的情况下，全国火灾形势持续稳中向好，重特大火灾事故起数下降35%。在消防救援队伍面对的各类事故中，火灾扑救一直是最主要的工作，同时他们还要应对水域、山岳、生产及设备故障、电梯被困等抢险救援任务，这些都是他们在改革转制后要加强的职能方向。

公共安全治理模式要实现从事后应对到事前预防的转型，这是党的二十大对新时期消防工作的重要指示。国家消防救援局按照"预防为主、安全第一"的要求，积极改进制度机制和方法手段，努力提高消防治理质量。并且，协调政府、部门、企业和基层各方面的责任落实，完善火灾隐患的常态化排查整治机制，努力提升基层消防力量的建设，全国乡镇街道消防站所达到 1.4 万个，工作人员达到 6.3 万名。

6.2.4　开展信息化应急体系建设

党的十八大以来，中国出台了多项加速信息化在应急管理和防灾减灾救灾领域运用的相关政策，如 2016 年公布的《中共中央 国务院关于推进防灾减灾救灾体制机制改革的意见》，该文件强调在应急体系建设中要运用大数据、云计算、地理信息等新技术新方法提高获取灾害信息、评估风险与保障安全的能力；2022 年印发的《"十四五"国家应急体系规划》提到，壮大安全应急产业，提升应急管理信息化水平。随着信息化革命的到来，应进一步加强大数据在灾害超前感知、灾害快速仿真和评估决策等在自然灾害领域的应用和发展。

依托现代信息技术和安全技术，开展新型应急信息化体系建设。强调以信息化为推动力，加强实战导向和智慧应急的引领作用。系统规划、高效发展、统筹建设、广泛应用，巩固信息化发展的基础，改善网络、数据、安全、标准等方面的不足。促进以先进新技术为支撑、完备清晰、层次鲜明的应急管理信息化体系，充分利用新技术从各个方面提高应急过程中的监测预警、指挥决策、救援实战、日常监管、综合执法和引导推动社会各部门各群体参与应急的水平。

目前，全国应急云平台和大数据、通信等"智慧应急"信息化基础设施正在完善和升级，整合应急资源、统筹应急管理，风险监测预警系统和应急指挥辅助决策系统的应用提升了全国应急指挥救援能力，为重大灾害事故风险的防范和化解提供了支撑，各重点区域也正在建设应急救援中心和应急指挥平台体系。

地球大数据是数据密集型科学范式的代表，同时也是驱动地球科学创新发展和地球科学发现的新引擎。灾害研究涉及跨地球圈层和多学科交叉融合，具有明显的多源、异构海量数据集成分析特征，如何快速地从低价值密度（高冗余性）挖掘灾害预警信息，是防灾减灾的重大需求。因此，近年来减灾界一直关注大数据、云计算等信息化前沿技术的应用，初步建立了涵盖灾害监测预警、快速数值模拟、风险评估、风险决策分析模块的灾害大数据平台。

在灾害监测预警方面，通过多手段和跨圈层的实时同步观测，对灾害体和成灾环境要素（如地质、气象、水文）进行数据采集，并利用机器学习、数据同化、参数厘定、时间序列分析等数据分析算法，分析灾害区域的分布和演化等关键科学问题，实现灾害的超前感知和预警。

在灾害快速模拟方面，基于灾害感知，根据灾害体形成运动物理模型，使用云计算平台快速模拟灾害在不同情景下的动力学过程，实现灾害危险性定量分析。目前，该模块已经在成都超算中心集成，并成功完成了2022年8月23日凉山泥石流的超前模拟。

在风险评估与决策方面，包含了承灾要素识别算法与灾害风险定量分析模型库，结合灾害危险性定量评估结果，可完成灾害风险定量评估与灾情信息生成，进而利用平台数据共享与信息发布机制，打通灾害信息感知系统与承灾社区/机构/人之间的信息障碍，实现灾害快速应急响应、精准预报和精准防治的目标。

6.2.5 气象灾害由预警向预估转变

由传统的灾害性天气预警向气象灾害风险预估延伸，其中包含着一系列的工作方向和内容的转变。

全国气象灾害综合风险普查包含两个任务：一是调查与评估气象灾害致灾危险性，全面获取孕灾环境信息、由孕灾环境产生的各种可能导致气象灾害发生的异动因子信息和特定承灾体致灾阈值信息。二是评估气象灾害综合风险并进行区域划分，明确全国及重点区域主要气象灾害的危险程度水平，进而摸清"家底"，为强化气象灾害防灾减灾建设、防范化解气象灾害工作奠定基础。

国家气候中心在了解气象灾害的基本情况后，建立了客观、定量、精细的综合气象灾害风险评估模型。该模型包括气象灾害致灾性和危险性灾害事件库，以及主要承灾体的人口、产业、居民建筑、基础设施等数据库。同时，研发了各类气象灾害主要承灾体脆弱性评估模型，掌握各级区域主要承灾体气象灾害的风险水平，进而根据气象灾害风险等级划分区域，绘制图谱。以上权威科学的成果有力支撑了各地的应急管理工作，为防范化解气象灾害提供决策依据。

此次普查摸清了全国气象灾害风险水平，建立了气象灾害风险和致灾因子数据库，形成了非常重要的技术成果和技术体系，包括客观化的灾害监测识别、致灾危险性评估、风险评估模型和指标、风险等级划分等；形成了一整套可复制、可推广的技术体系，还培养了一支风险评估技术队伍，形成了一系列国、省、市、县风险评估区划成果。各级气象部门经过科技转化和集成开发，研制了灾害风险预估模型，开发了不同尺度灾害风险预估产品，有效支撑了防灾减灾决策服务；另外，深入挖掘综合风险普查成果在区域发展规划、城市防灾减灾、重大工程实施保障、站网优化布局、风险预警指标改进等方面的应用，有力支撑了北京冬奥会、川藏铁路建设、超大城市重大气象灾害预警服务等。

在过去的二十年里，气象防灾减灾决策服务理念和建设发生了两次重大的转变。"十二五"期间，由传统的线性预报服务转变为基于灾害影响的预报服务。党的十八大以来，气象灾害风险管理服务（包括采集灾害信息、确定致灾阈值、划分灾害风险区域、量化评估和预警风险等）备受重视，强调防灾减灾要提前，未发生时就要提早防范，服务内容也向风险预估预警转变。

目前，我国已建立了一个由地面、空中和卫星观测系统构成的气象灾害综合立体观测网，它利用这一系统的协同作用，提高了气象灾害的监测能力；建成了包含气象灾害的监测识别、影响评估、风险预测估计和预警的风险业务平台，实现灾害风险业务的落地；此外，还建立了一个国家级的突发公共事件预警信息发布系统，覆盖范围持续扩大；完善了党委领导下的多方参与的气象防灾减灾机制，加强灾前防范和宣传，灾后恢复与复盘，不断巩固气象防灾减灾第一道防线的基础，不断增强我国全社会防御气象灾害、化解风险的能力和韧性。以上成果正广泛应用于我国气象灾害的防灾减灾工作中，例如，2022 年夏天，长江中下游遭遇了罕见的高温和干旱。国家气候中心评估了干旱的危险性，认为长江中下游许多地方会出现夏季和秋季的连续干旱，提醒人们要注意夏秋连旱对农业生产、生活用水、森林防火、水力发电等方面的影响，做好应对干旱的准备工作。对此，相关部门提早谋划水库蓄水，为后期抗旱储备了宝贵水源。

6.2.6　建立应急产业聚集区

我国多个地区已形成应急产业聚集区，形成了 20 家国家应急产业示范基地。

为应对突发事件，满足我国不断增长的公共安全需求，一些公司开始从事应急产品研发、生产以及提供应急服务，应急产业应运而生。近年来，政策也逐渐重视重点细分领域的应急救援能力与应急物资保障能力的提升，进一步细化应急工作。随着我国应急产业的快速发展，应急产业对于防灾减灾的支撑能力和保障安全的能力也进一步增强，在应对地震、各类疫情、洪涝等突发事件过程中，相关应急科技、产品和服务发挥了积极作用。

为适应现代产业发展趋势，强化应急规划、指导和服务，《意见》鼓励有条件地区发展特色应急产业集聚区，根据当地灾害特点创新研发生产应急产品和设备，建立若干物资设备储备基地，构建区域性应急产业链和一批国家应急产业示范基地，放大各自优势的同时增强应急产业各方的合作力度，引领国家应急技术、装备、产品的研发制造和应急服务的发展。为完善应急系统建设，各省市也积极响应，建设应急产业集聚区。截至 2020 年 1 月第三批应急产业示范基地名单公示，我国共有 20 家国家应急产业示范基地。

经过多年的发展，我国应急产业规模呈现快速增长态势，产业发展力量不断壮大。目前，珠三角区域、长三角区域、京津冀等制造业发达地区已经形成应急产业集群；自然灾害较为频发的四川、福建、湖北、湖南等地也形成了应急产业聚集区。其中，珠三角地区是我国重要的制造业基地，产业链完整，企业研发实力雄厚，具有较好的发展应急产业的基础，已经形成以广州、深圳等城市为中心的集群效应，更能推动应急产业的发展；自然灾害较为频发的区域根据当地灾害特点和需求发展出特定类型的应急产业聚集区，如地震多发的四川省主要围绕地震灾害开展应急，发展了防震救灾装备、机械等产业，同时也重视地震预警服务的发展和应用；临海的福建省多发台风灾害，其主要围绕洪涝灾害发展了防汛物资、抗洪排水装备、应急保供电装备等产业，为当地的应急工作提供支撑。

6.2.7 建设应急救援中心

建立国家级应急指挥总部，负责指挥调度、会商研判、模拟推演和业务保障等设施设备及系统的完善。该总部是区域专业应急指挥协调中心和装备储备调配运输基地，也是应对特别重大灾害时提供紧急响应、实施专业指挥协调、组织协调专业救援力量、调配运输应急资源等任务的主要力量。

推进区域应急救援中心工程建设，推进物资装备储备、指挥调度场所、航空和交通工具保障场所、日常培训和模拟演练及配套设施的建设。建设综合应急实训演练基地，配套仿真模拟救援等设施设备，理论学习与实践训练相结合、室内室外全方面训练。推动各级综合指挥平台和地方应急指挥平台示范建设，通过中央与地方、地方与地方之间的联动配合，实现各级政府与行业部门、重点救援队伍等各方应急救灾力量之间的畅通联系和协调行动。

《"十四五"应急救援力量建设规划》明确指出将建设国家应急指挥总部和华北、东北、华中、东南、西南、西北 6 个国家区域应急救援中心，基本形成全国统筹兼顾、就近迅速调配的布局，防灾减灾救灾的支撑保障能力显著加强，这将极大地推动中国应急管理工作专业化建设、全过程管理和应急资源集约化高效调配的发展进程。2018—2023 年，立足"全灾种、大应急"，6 个国家区域应急救援中心开工建设，建成 3500 余支专业救援队，覆盖了地上和地下建筑事故抢险救灾、地质灾害和气象灾害应急等各个方面。组建中国救援队，建成 12 支特种灾害救援大队及所属 55 支快速反应分队，初步形成了因灾前置、以辖区为中心，正向影响邻近区域、区域内外部配合的布防态势和全域灵活行动、区域联合行动、辖区率先行动的力量运用格局。在四川省甘孜州泸定县遭遇 6.8 级地震、辽河支流绕阳河一堤坝决口等抢险救灾过程中发挥了重要作用。

建设国家区域应急救援中心引领带动应急救援力量体系结构优化、机制创新、能力提升等方面作用已开始快速显现，也必将在我国应急管理体系和能力现代化进程中发挥更大作用。

总之，中国应急管理和防灾减灾工作在党中央的坚强领导和各方力量的协同配合下，取得了重大成就。但是，我国自然灾害种类繁多、发生频率高，灾害风险错综复杂，全球气候变化和地震活动加剧了灾害威胁，防灾减灾工作任重道远，应急管理事业要与时俱进，推进现代化建设。

6.3 中国大中城市防灾减灾支撑体系建设问题

根据最新的联合国气候变化专门委员会（IPCC）报告和中国气候变化蓝皮书（2022），全球变暖趋势持续存在，中国的多项气候变化指标在 2021 年打破了观测纪录，包括地表平均温度、沿海海平面和多年冻土活动层厚度等。中国也面临着极端天气事件频率和强度加强的趋势，特别是在青藏高原地区，冰川退缩和冰雪消融加剧，冰湖面积扩大，极端降水事件增多，这使得自然灾害的风险大大增加。以下是中国当前面临的主要自然灾害：①地震灾害：包括 2008 年汶川地震、2013 年芦山地震、2017 年九寨沟地震、2021 年玛多地震、2022 年泸定地震等。其中，汶川地震是中华人民共和国成立以来威力最大的地震，造成了大量人员伤亡和次生灾害如山洪、泥石流等。②森林火灾：如 2020 年西昌火灾和 2022 年重庆火灾，给山区城市造成巨大威胁。③冰/岩崩堰塞湖堵江链生灾害：如 2018 年色东普沟域冰川冻融引发的连锁灾害链，以及 2021 年印度查莫利冰岩山崩堵江溃决洪水灾害链等。此外，还有高温热浪与干旱、台风、海洋污染、泥石流、滑坡、堵江溃决洪水、城市内涝等灾害也对中国构成严重的威胁。面对频发和高发的灾害，中国的自然灾害防灾减灾面临巨大挑战。在全球气候变化背景下，中国的极端天气和气候事件呈现新态势，气象灾害频率增加，呈现长期性、突发性、巨灾性和复杂性。

6.3.1 灾害风险评估能力不足

随着气候变化的加剧，自然灾害发生的频率和强度都有所增加。这对我们的灾害预警和风险管理系统提出了更高的要求。在全球气候变暖的大背景下，极端天气和气候事件的准确预测变得更加重要。极端气候事件变得更加频繁和强烈，而一些过去常态的气候统计规律正在改变。但是我们的能力在定量评估自然灾害及其组合风险方面还比较薄弱。我们缺乏足够深入和系统的科学理解来解析灾害链条的形成机制以及各种灾害因素相互作用的放大效应。并且需要及时更新我们的科学认识和预测模型，以适应这些新的变化。

尽管我国在气候预测方面取得了一定进步，但预测的准确率仍然存在波动，并且在次季节到季节尺度的预测上有提升空间。特别是对于极端气候事件的预测能力，我们还需要加强。我们在灾害风险普查成果应用方面需要进一步提升。我国在气象灾害风险普查的深度和广度方面都有较大的发展空间。省级层面的灾害风险预估和管理业务能力也需要加强。同时，省级气象部门之间在信息共享和协作方面存在不足，导致普查成果未能充分利用。评估指标体系和业务能力的建立和完善也亟须加强。在科技支撑方面，我们同样面临挑战。例如，在粮油安全领域和新能源领域，灾害风险的准确评估对应对极端事件的影响至关重要。因此，加强相关领域的科技支撑能力尤为重要。

灾害风险评估涉及多个方面，由于对灾害传播机理和能量转换的认知不足，以及因素间相互作用的不确定性，评估过程中存在复杂性和不确定性。因此，我们需要努力提高我们的科学理解、预测能力和应用能力，以更好地应对气候变化和保障国家安全。

6.3.2 灾害联合防控协调能力不足

中国的灾害应急管理是一项复杂的社会性工作，涉及多个区域和职能部门。由于各地区的应急管理能力有限，因此建立一种能够跨区域协作的灾害应急联动机制显得十分迫切和重要。这种机制的核心是在政府的领导下，各地区的各部门能够有效地沟通和交流，合理地分配和利用资源，共享信息和行动方案，密切配合和协调，采取有力的措施，尽量减少灾害造成的损失。这样的机制不仅能够提高政府的灾害防范和应对水平，还能够促进区域间的合作和发展，维护社会的稳定和和谐。

目前存在一些问题影响跨域灾害应急联动机制的有效运作。各区域之间缺乏协调和资源整合的能力，这主要是由于长期以来采用的"条块分割，属地为主"的思想导致的。不同区域之间存在地域分割的问题，不同部门之间存在管理壁垒，资源调配和配置方式滞后，管理机制不够科学，导致在突发事件发生后各机构、各区域往往各自为战，资源闲置浪费和重复配置的问题严重。同时跨域灾害缺乏综合应急预案的制定。虽然各地区和部门都建立了各自的应急预案，但缺乏跨域应急预案的编制，无法形成有机的整体。此外，有些应急预案内容过于笼统，重在原则而轻在操作，限制了各地区和部门共同应对灾害的积极性，不利于应急处置和救援。

中国的灾害应急管理还有待完善法制保障。现在的应急管理主要依靠应急预案来指导，而没有相应的法律支持。中国的宪法和地方政府法没有对政府间的协作做出具体的规定和规范，导致地方政府在横向合作上存在疏忽或不清晰的权责，不能有效地联合应对灾害。灾害应急管理缺少科技的帮助。现代科技在灾害应急管理中的应用是非常重要的，可以提供实时监测、预警、评估、控制和恢复救援等方面的支持。然而，中国的应急科技在发展上滞后于经济发展，尤其是在应急技术和救援装备方面还存在一定的差距。此外，跨域灾害信息共享机制还需要完善。信息是应急管理的重要基础和核心要素，但由于地域分割和管理壁垒的存在，现有的信息共享机制无法有效实现。这就导致相关区域间信息不对称，阻碍了信息的流通，削弱了政府的应对能力，增加了应急成本，甚至放大了灾害的危害性。

建立跨域灾害应急联动机制是非常必要和紧迫的，但目前还存在一些问题需要解决。需要加强协调和资源整合能力，制定综合应急预案，推进应急法制建设，强化科技支撑体系，完善信息共享机制，以提升跨域灾害应急管理的效能。

6.3.3　灾害预警的精准度不够

关于灾害预警的精准度方面，当前存在的问题是，部分灾种的风险预估和预警的预见期和精准度不足，无法满足精准防灾减灾的需求。近期的会议中，中央政府强调了精准预警响应的重要性，并提出了加强气象预警与灾害预报的联动、临灾预警、点对点精准预报和预警指向性的改进措施。目前灾害预警的不精准主要体现在以下几个方面：

首先，全球气候变化和人类活动等因素共同影响，导致灾害的发生频次和规模出现较大的不确定性，增加了灾害风险的严峻性。此外，不同地区的经济类型、地形地貌、灾害季节和灾害防御措施等差异也会对灾害风险评估结果造成不确定的影响。灾害类型本身的复杂性也是一个挑战。一些灾害类型，如龙卷风、地震等，其发生的规律和特征并不是十分清晰和明显，这给预警工作带来了一定的困难。尤其是在灾害类型的预警标准和划分上存在争议的情况下，预警的准确性就更加难以保证。因此，在进行灾害风险评估时，需要全面考虑这些因素对灾害风险的影响。

其次，评估指标的选择差异也会影响灾害风险评估结果的精度。不同研究使用的评价指标各不相同，可能导致相同区域的灾害风险评估结果存在明显的差异。此外，由于数据不完备和获取技术限制，灾害风险评估指标的选择受到限制，受灾情本身复杂性的影响。因此，评估指标的定量口径、评价标准和数据处理可能存在主观性，增加了灾害风险评估结果的不确定性。地震预警系统需要准确的数据和信息来进行预测，如果数据来源不可靠或信息不完整，也会影响预警的准确性。此外，地震预警系统的算法和模型也可能存在不足，进而导致预警的不准确。

　　人为因素也可能导致预警不准确。一些发布预警的机构可能存在疏忽或主观臆断，导致灾害类型的预警不准确。这就需要相关部门加强管理和监督，确保预警工作的科学性和准确性。地震预警系统的不准确性，可能存在多种因素。地震预警系统依赖于地震监测设备和技术。如果这些设备和技术不够先进或出现故障，就会影响地震预警的准确性。常用的灾害风险评估方法本身存在较大的不确定性。模糊数学、主成分分析等方法在灾害风险评估中使用广泛，但都存在不确定性。同时，在确定评价指标的权重时，不同方法可能导致结果与实际灾害数据存在偏差。当前的权重确定方法包括熵权法、专家打分法、层次分析法、主成分分析法、机器学习算法等，但这些方法都存在一定的局限性。跨域灾害信息共享机制也需要进一步完善。由于地域分割和管理壁垒的存在，信息共享受到限制，导致相关区域间信息不对称，削弱了政府的应对能力，增加了应急成本，进而影响了灾害预警的精准度。

　　预警尚未与当地当时情景结合，在干旱灾害的预警方面，一般会以干旱指数或干旱要素的变化来分析农业干旱的状态。然而，在不同作物的不同生长阶段对水分需求的差异下，仅根据干旱指数或干旱要素很难准确判断农作物的干旱情况。因此，需要针对特定地区和作物的各个生长阶段赋予干旱指数或干旱要素的影响权重，这样才能准确分析和判断农业干旱的发展趋势或影响程度。此外，还需要研究不同地区和作物类型的影响权重分布规律，并建立将干旱监测指数与影响权重相结合的干旱监测指标。这样能更好地预警和评估农业干旱的风险。

　　综上所述，解决预警不准确问题需要加强气象监测设备的覆盖，深入研究灾害类型的特征，加强对发布预警机构的管理和监督，并提升地震预警系统和干旱预警技术的准确性和可靠性。解决这个问题需要进一步研究气候变化对灾害的影响，建立预测模型并消除不确定性。同时，还需要加强灾害风险评估指标的选择和权重确定的科学性，完善信息共享机制，以提高灾害预警的精准度和效果。

6.3.4 城市灾害管理意识淡薄

我国城市灾害管理面临多方面的问题。城市灾害管理意识淡薄，人们对灾害的认识和预防意识薄弱，往往对灾害发生缺乏足够的重视。缺乏统一的城市灾害应急指挥决策系统，导致在应对突发灾害时，指挥决策不够迅速、有效，容易出现混乱和不协调的局面。城市灾害管理模式与城市规模的快速扩张不相适应，政府与公众在城市灾害管理上存在沟通盲区，缺乏有效的宣传教育和信息传递渠道，使得公众对灾害的认知和应对能力有限。同时，城市灾害管理法律体系不完善，相关法规缺乏有效的执行机制和惩罚手段，导致法律约束力不强。此外，减灾各环节与整体过程缺乏协调，缺乏系统性和整体性的思维，导致减灾工作的效果有限。

缺乏灾害管理的规划和预案，缺乏相关的预防和救灾措施，就会导致城市对灾害管理的意识比较淡薄。城市对灾害管理的投入不足也是城市灾害管理意识淡薄的一个重要体现。当资金、人力资源和物资等方面的支持都不足时，就说明城市对灾害管理的意识淡薄。日本神户市为提高自身的城市韧性，编制并不断修改完善强韧化规划，在规划的指导下，分别从升级防灾减灾基础设施、加强防灾减灾知识的教育和宣传等方面进行防灾减灾支撑体系建设。郑州"7·20"暴雨过后，河南省越来越重视城市韧性建设，但由于正处于起步阶段，许多东西仍停留在理论探索层面，尚未落实到实际的城市建设当中。

城市居民对灾害的风险认识不足，缺乏对灾害的预防和自救能力，城市缺乏对灾害管理的宣传教育也是城市对灾害管理的意识淡薄的一个体现，如果居民对灾害管理的重要性和必要性认识不足，就会影响整个城市对灾害管理的意识。美国洛杉矶为了提高社区居民的参与度，特别注重培养青年的韧性能力。在这方面，洛杉矶支持青年参与市民领导计划，让他们有机会参与公民事务，培养领导力，和职业人士和导师交流；扩展劳动力发展计划，包括建设城市青年资源中心，推动洛杉矶社会企业区域倡议，实施洛杉矶雇用计划，和洛杉矶联合学区（LAUSD）合作，制订和执行计划，培养下一代洛杉矶的气候和灾害韧性领导者，让他们了解韧性挑战，激励他们寻求最佳的解决方案。而中国中大城市防灾减灾在重视加强青年的韧性建设能力方面尚未大力开展，相关方面较为薄弱。城市灾害管理意识淡薄可以在相关法律法规和政策支持的缺乏、对灾害管理的投入不足、对灾害风险认识不足以及对灾害管理的宣传教育不足等方面得到体现。

6.3.5 跨区域联防联控应急机制不完善

应急产业在我国的发展尚不成熟，存在广泛的问题。应急产业涉及多个领域，但发展水平还不够高。有些领域已经有一定的规模，但整体上缺乏集中度，产业链和供应链的协作能力不强，协同效应不突出。这导致应急产业各个环节缺乏良好的衔接和协作，限制了整体发展的效果。我国面临的公共安全形势不断变化，人民群众对安全的需求日益增长，但应急产业的发展不适应这种需求。尽管应急产业在一些关键领域（如消防、医疗救援、自然灾害应急等）取得了一定的进展，但仍然存在着滞后的问题。应急产业需要更加关注人民群众的需求，提供更全面、更高效的安全保障和提高应对能力。

在跨区域联防联控方面，跨区域联防联控是因地制宜地应对突发事件的重要手段，但当前的应急预案相对缺乏，致使协同能力不足。通常，应急预案是以行政区划为单元制定的，而在大规模突发事件中，往往导致多个行政区划之间的协同存在困难。资源、信息、人力和技术等无法得到有效的调配和使用，应急处置的速度和效果都受到了限制。此外，当前大规模突发事件的发生频率增多、强度增大，给各地独立处置带来了更大的难度。气候变化导致超过城市设防标准的极端事件增加，但多数城市的灾害设防标准相对较低，无法应对这些灾害风险。同时，现有防灾基础设施升级的难度较大，老旧城区的排水管网难以满足新建筑群的需求。人口流动的快速增长也增加了城市应急处置的复杂性。

综上所述，应急产业的发展还需要加强资源整合、加强协同机制、注重对新形势和需求及时应对。需要建立更加完善的跨区域联防联控机制，制定跨区域应急预案，提升应急处置的协同能力。同时，应重视提高灾害设防标准和加强防灾基础设施建设，以及关注流动人口的特殊需求。通过这些努力，才能让应急产业更好地适应我国的公共安全形势和人民群众的安全需求。

6.3.6 防灾减灾规划与城市发展不相适应

郑州特大暴雨事件对气候系统不稳定性的警示信号，表明未来极端气候事件的频率和强度可能会增加。气候变化可能会打破传统的洪涝灾害预测，带来更多突破历史纪录的"黑天鹅"事件。中国城市洪涝灾害管理的脆弱性和特殊性得到揭示，城市型水灾主要以积涝为主。城市化进程造成的热岛效应使得中国部分地区的温度升高了约 1/3，导致强降水的危害加重。但是，防灾减灾的规划和管理没有跟上城镇化的发展速度，城市管理者经常忽略防灾减灾的投入，使得城市在面对极端灾害时只能被迫应付。大部分地级以上城市属于暴雨脆弱型城市，防灾减灾救灾基础仍然薄弱。防灾减灾救灾体制机制和经济社会发展仍不能完全适应，国际防灾减灾救灾合作任务不断加重，国际社会更加期待中国在这一领域发挥更大的作用。

6.3.7 城市灾害管理法律体系不完善

自然灾害综合防治是保障国家总体安全的重要方面，旨在解决自然灾害对国家安全的重大威胁。中国是全球自然灾害最为频发的国家之一，其灾害种类多样、分布广泛、频率高、地区差异明显。然而，我国的自然灾害防治法律体系存在一些不完善之处。

从城市灾害管理法律框架来看，目前我国的城市灾害管理法律体系相对零散，缺乏统一的城市灾害管理法律框架，导致在面对城市灾害时缺乏统一的法律依据和规范。目前采取的单灾种立法模式，即一个法律对应一个灾种，面临着重复备灾、职能交叉等问题，难以应对复合灾害和新灾种的出现，亟须通过综合立法来解决这些问题。现有的自然灾害防治法律规定对于责任主体和权责划分缺乏明确规定，这在实践中使得形成有效的防灾减灾机制变得困难。此外，防灾减灾救灾立法与其他相关领域立法的衔接不够紧密，缺乏综合协调的制度安排。防灾减灾救灾立法还存在一些具体问题，例如对于基层防灾减灾能力的支持不够充分，对民众参与防灾减灾的规定相对不足。

为了解决上述问题，我国应加强自然灾害综合防治的立法工作。首先，需要建立完善的城市灾害管理法律框架，以提供统一的法律依据和规范。其次，应推动综合立法，建立适应多灾种和复合灾害的法律制度。同时，应明确防灾减灾救灾的责任主体和权责划分，建立完善的机制。此外，需要加强防灾减灾救灾立法与其他相关领域立法的衔接，形成综合协调的制度安排。加强对基层防灾减灾能力的支持，规范和鼓励民众的参与。

缺乏完善的应急预案和协调机制。中国的城市灾害法律在应急预案和协调机制方面还不完善。导致在城市灾害发生时，各相关部门之间缺乏有效的协调和合作，进而影响了灾害应对和救援工作的效率及效果。特别是在应急联合演练方面，尽管《国家突发公共事件总体应急预案》要求充分动员和发挥各级政府、社区、企业、社会团体和志愿者队伍的作用，并建立应急联动协调制度，但现有的灾害应急预案中并没有明确规定应急联合演练的制度。这一点不利于政府和社会各方在紧急情况下实现人力、物力的快速对接和精准互助，同时也影响了政府和社会各方治理权责边界的明确以及协同治理体系的精细化和规范化。

在非政府主体参与灾害治理相关方面，缺乏明确的责任分工和权利保障。社会参与的许多灾害治理行为实质上是一种人道主义和利他性的行为，是向上和向善的行为。然而，非政府主体在实施这些利他性行为时面临一个经济学上的悖论，即收益性的非政府主体与灾害治理的利他性之间的紧张关系。一方面，无论非政府主体还是私人企业，尽管可能富有同情心和社会责任感，但它们必须遵循市场经济的基本逻辑，行动取向受到"成本—收益"规律的限制。另一方面，灾害治理是一种投入高、回报少的人道主义行动，在大多数情况下，行动者的付出会让服务对象和其他主体受益而自身获益甚少或无法直接获益。

在中国，城市灾害法律未能明确相关部门和个人在灾害应对和救援中的责任分工和权利保障，导致在灾害发生时出现责任不明确、权利不保障的情况。灾害治理的利他性与非政府主体的私人属性之间必然会产生冲突和矛盾，因此不宜仅通过禁止性规范来限制，而需要运用激励性法律规范来鼓励、诱导和嘉奖。国家监督制度过于简单化。在灾害治理过程中，非政府主体可能会出于自身利益考虑做出有利于自己的自主决策，甚至可能利用危机治理违背公益原则，获取不当利益。例如，企业在提供救灾物资时囤积居奇、以次充好、哄抬物价等损害了人民的权益。

中国的城市灾害法律未能完善灾害风险管理和防范机制，导致在城市发展规划、建设和管理中未能充分考虑灾害风险，提升和扩大了城市灾害的发生概率和影响。我国的灾害风险防范机制还有待进一步完善。在城市规划和建设过程中，对灾害风险的评估和防控措施需要更加科学、合理。目前，我国在城市灾害风险评估和防范措施方面尚缺乏统一的标准和规范，这可能导致城市灾害防范工作存在漏洞。《突发事件应对法》《自然灾害救助条例》《防沙治沙法》等法律法规也都要求将防灾减灾工作纳入财政预算或者采取财政措施，保障防灾减灾工作所需的经费。实践中，由于灾害防治资金本身就存在着地方财政投入不足的问题，地方政府往往会用有限的资金优先保障灾后的救助，对于灾前的预防及促进灾害产业发展的投入极其有限，社会参与激励资金更是难以得到保障，法律激励的效果大打折扣。

6.3.8 自然灾害摸查不够彻底

中国自然灾害本底摸查不够全面，青藏高原系统性灾害数据不够充分。中国地域辽阔，灾害类型多样，气候变化多端，自然灾害本底摸查只停留在数量层面，对灾害发生的规律和机制了解不深，尤其是青藏高原这样一个气候变化敏感区，经济发展水平不高、监测站点不多、专业技术人员不足。受地理、气候条件的影响，现有的监测技术和设备不能满足防灾减灾基础数据收集的需求，目前还没有建立全区范围内系统、完整的自然灾害基础数据集，这严重限制了该区域灾害的理论研究和防治技术的发展。

此外，自然灾害摸查不够彻底所导致的后果如下：范围不全面。有些地区可能由于交通不便或者其他原因无法及时到达，导致该地区的灾情没有得到充分的摸查。数据不准确。由于缺乏专业设备或者技术人员，有些灾情的数据可能没有得到准确的记录和统计。救援不及时。摸查不够彻底可能导致救援工作的不及时，影响灾区人民的生命安全。资源分配不均衡。由于摸查不全面，有些地区的灾情可能被低估，导致救援资源的分配不均衡，影响救援效率。隐患未排查。摸查不够彻底可能导致一些地区的灾害隐患没有得到及时排查和处理，增加了未来发生灾害的风险。

6.3.9 对灾害影响的物理机制和过程认识依旧不够清晰

中国地形地貌复杂，幅员辽阔，孕灾环境复杂多样、地震活动频繁、季风影响剧烈，特别是高原环境，是中国边防安全的重要屏障，也是灾害发育的认识盲区。目前，对气候变化和地震活动等内、外动力多因素耦合驱动下的泥石流、山洪、冰湖溃决与滑坡等灾害的物理机制和过程认识不明，尚不能准确定量描述其物理过程，特别是灾害孕育和演化过程，难以有效预测灾害。

6.4 中国大中城市防灾减灾支撑体系建设展望

总体来看，我国在防灾减灾支撑体系建设上取得了重大进展，在国家综合防灾减灾规划的指导下，地方各级政府和应急管理部门联合社会多方力量，着力提升灾害的预测和预警能力、灾害风险的治理能力、灾害应急救援能力以及灾后的恢复能力，我国的防灾减灾经济支撑体系、防灾减灾社会支撑体系、防灾减灾基础设施支撑体系和防灾减灾生态支撑体系取得了显著的进步，极大地提高了我国在灾害上的预测预警水平和风险治理水平。但是当前全球气候变暖，水平面上升，我国在防灾减灾支撑体系方面依然面临着严峻且复杂的形势。

在中国特色社会主义新时代，我们迎来了新的发展机遇，也面临着新的防灾减灾挑战。党的二十大将灾害防治作为国家安全的重要内容，要求用新的安全理念引领新的发展模式，提高防灾减灾的新水平，全面落实国家安全总体观，为防灾减灾救灾事业创造了新的条件。为了促进社会经济的可持续发展和建设美丽地球，实现人与自然的和谐共生，我们要从防灾减灾的角度出发，执行"三个转变"和"四个精准"的要求，着力从灾害风险源的识别和风险的预测预防入手，加强对灾害的发生、发展、演变、致灾等基础理论的研究，打牢理论基础，攻克前沿难题，为减灾的实践技术的研发提供动力支持。做好灾害前预防工作的前提是了解灾害发生的规律和灾害形成的原因，有针对性地采取措施，如此才能减小灾害发生造成的影响，最大限度地保护广大人民群众的生命财产安全。

同时，要开展全链条研究，突破瓶颈技术障碍，提出系统解决方案，为防灾减灾提供坚实技术支持。灾害的发生往往会引起次生灾害的发生，次生灾害的发生给人民群众生产生活和社会发展造成的影响甚至更大，如2023年四川省汶川县由短时强降雨引发山洪造成泥石流次生灾害的发生，造成多人死亡和失踪。尤其是在当前社会高速发展，经济高度发达的时代，次生灾害的影响不容小觑。城市综合防灾减灾工作的一个重要环节是，要考虑灾害风险隐患点和灾害可能引发的其他次生灾害的复杂性，尤其是多灾种和灾害链的影响，以适应新时代的要求。

还要注重自然科学与人文科学的交叉融合，创新灾害风险管理的理论基础、技术支持和机制模式，重点加强监测预警体系构建、韧性社会建设、科普教育、自然灾害保险等方面的工作。

7 国内外大中城市防灾减灾支撑体系建设经验及启示

2021 年全球发生洪涝、热带风暴、干旱、地震、地质灾害、森林和草原火灾、海洋灾害以及其他灾害等共计 436 次，有 10801 万人受影响，14338 人因此死亡，全球因灾害共造成直接经济损失 2537 亿美元。世界各国面临着各种灾害的多方威胁，预防和减轻灾害造成的人员伤亡和经济损失已成为 21 世纪最重要和最紧迫的二十个全球安全问题之一。怎样做好灾害预防工作，最大程度上将灾害发生造成的经济损失降到最低，最大限度地保护人类生命安全已成为当前世界各国相关领域学者研究的热点。本章通过对日本神户市，美国洛杉矶市，中国深圳市、合肥市、郑州市和洛阳市防灾减灾支撑体系建设经验的总结，得出河南省大中城市防灾减灾支撑体系建设的启示，以期能够推进河南省大中城市防灾减灾支撑体系建设。

7.1 国外大中城市防灾减灾支撑体系建设经验及启示

7.1.1 神户市防灾减灾支撑体系"政府主导"模式

日本是地震、台风和洪涝等自然灾害的多发地，根据全球灾害数据平台的统计，2013—2022 年日本发生 75 次自然灾害，其中，热带风暴 40 次，地震 11 次，洪涝 11 次，地质灾害 2 次，如图 7 - 1、图 7 - 2 所示。为减小自然灾害发生造成的损失和伤亡，日本从历次抗击灾难中总结经验，逐渐形成一套行之有效的防灾减灾支撑体系。以下以日本神户市为例，对神户市的防灾减灾支撑体系建设经验进行总结。

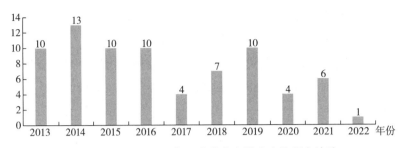

图 7 - 1 2013—2022 年日本发生自然灾害的频次统计

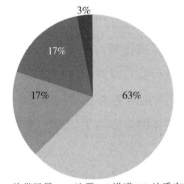

热带风暴 ■ 地震 ■ 洪涝 ■ 地质灾害

图 7 - 2 2013—2022 年日本自然灾害发生频次占比

（1）神户市简介

神户市位于日本的西部，位于日本三大都市圈之一的大阪都市圈中，是日本的重要城市，全市总面积 557.02 平方千米，拥有 150 万人口，2021 年生产总值达到了 50055 亿元。1868 年，神户市成为日本最早对外开放通商的港口之一，之后迅速发展成为日本最为重要的港湾都市之一。神户市居民主要分布在沿海区域，沿海城区的总面积虽不到全市总面积的 1/3，却拥有超过全市一半的人口。

神户市历史上最为严重的两次自然灾害分别是：1995 年的阪神大地震和 2018 年台风"飞燕"引起的风暴潮，这两次自然灾害对神户市造成巨大冲击，使得神户市在灾后重建的过程中对于建筑、交通等的抗震防潮异常重视，重建后的建筑设施已超过灾害前的水准。2007 年神户市入选《福布斯》杂志评选的世界最为清洁的 25 座城市，2012 年被瑞士咨询公司

ECA 国际评选为世界宜居城市。

（2）防灾减灾支撑体系"政府主导"模式

中央防灾会议是日本防灾方面最高的行政权力机构，神户市的防灾减灾体系是在中央防灾会议指定的全国防灾基本规划的基础上确立的，即政府在防灾减灾的具体措施制定和实施中起着决定性作用。因此，为减轻自然灾害发生造成的财产损失和人员伤亡，神户市构建了"政府主导"模式的防灾减灾支撑体系，在采取的一系列防灾减灾措施中，神户市政府始终发挥着主导作用。该支撑体系具有"重点规划，强化基层"的特点，"重点规划"是指神户市综合考虑区域内灾害发生特点和规律，根据自身的经济水平规划出需要重点进行防灾减灾的区域，针对灾害类型制定具体的防灾减灾措施。"强化基层"是指各个基层组织在强化自身防灾减灾能力的同时，也注重提高社会整体的防灾减灾能力。神户市的防灾减灾支撑体系建设主要包含以下内容：

①制定韧性城市规划，指导防灾减灾工作。早在 1963 年，神户市基于《灾害对策基本法》制定了第一版防灾减灾规划，之后分别在 1986 年、1996 年、2014 年和 2016 年进行过数次修改。神户市在日本《国土强韧化基本计划》的最新一轮修订版中，对当地的防灾减灾规划进行了提升，并对其进行了强化。神户市在最近一次的"强韧化"方案中，着重从过去的灾难中吸取教训，并持续提高整体实力来应对灾难。相较于中国的防灾减灾规划，日本在强韧化规划中更加强了对风险和脆弱性的评估。在强韧化规划中，神户市通过模拟洪水、地质灾害和地震等事故后果，从而确定了防灾减灾策略和项目。

②针对神户市灾害特点升级各类防灾和防潮设施建设。风暴潮是沿海城市最为多发的自然灾害，历年来，神户市受风暴潮的影响损失惨重。为了提升防灾能力，神户市实施了防潮设施的改善项目，于沿海地区构筑了稳固的防潮堤。此外，他们还建立了防潮堤的锁闭闸门与紧急指挥中心的联动机制，以便在灾害预警发出时，防潮堤的闸门能够自动启闭，有效应对灾害。据估算，自防潮堤建设完毕后，神户市在面对风暴潮的侵袭时，

淹水深度超过 30 厘米的区域面积从原先的 15.86 平方千米显著下降到了 9.27 平方千米。这一改进使得神户市在面对风暴潮时能够更有效地减少淹水面积。神户市升级了消防设施，在吸取以往灾害的教训后，及时加固了存在薄弱环节的基础设施，以提高其在灾害发生时的韧性。神户市还吸取阪神地震的教训，精心策划并构建了耐震水槽，该水槽与供水管网紧密相连，确保槽内水流持续循环。万一地震导致供水管网瘫痪，耐震水槽仍能为消防人员提供约 100 吨的紧急用水，为灭火和救援工作提供关键支持。此外，神户市优化了疏散避难指示系统。历史上，神户市曾遭受海啸的严重冲击，造成巨大损失和人员伤亡。为了避免在紧急疏散时指示系统因海啸而失效，神户市对现有海啸的最高水位进行了详细统计。在提升防灾设施的过程中，特意将疏散避难指示牌设置在高于历史最高海啸水位的地点。这一举措旨在保证疏散指示系统在海啸发生时仍能正常运作，从而确保居民能够及时获得准确的疏散指引，保障生命安全。

③充分发挥民间组织协同作用。神户市高度重视民间组织在防灾减灾领域的贡献，力求通过举办防灾活动进一步提升社会福利水平。在消防署和地方政府的引领下，神户市充分调动了消防团、自治会、民生委员会、妇女老人关爱委员会、青少年问题协调会等组织的资源和力量。这些组织在防灾宣传、防灾训练、参与防灾规划以及提供灾害援助等方面扮演着重要角色。特别值得一提的是，神户市为行动不便的老人和幼童制定了专门的灾害援助措施，确保他们在紧急情况下得到特殊关怀和有效支持。

④重视灾害记忆和经验的保留与传承。神户市政府重视保留灾害记忆与经验，在阪神地震重建时，保留了一些因地震受损的建筑并向公众展示（见图 7-3），这些受损的建筑遗迹时刻提醒大家做好防灾减灾准备工作。为了将阪神地震的经验和教训永远传承下去，日本政府和兵库县共同出资 60 亿日元，在神户市建立了一座名为"人与防灾未来中心"的设施（见图 7-4）。自 2002 年起，该中心对外开放，现已成为神户市的一大旅游胜地。借助现代科技手段，中心通过模拟地震场景，向公众展示了丰富的灾

难救援和灾后重建历史资料。它的目标是提高公众的防灾减灾意识，如今神户市的防灾减灾中心已跻身全球知名的防灾减灾宣传教育场所之列。神户市还在每年的阪神地震日举办追悼会，提醒大家做好防灾减灾工作，在阪神地震24周年纪念日当天，神户市市长呼吁民众提高自身防灾意识，鼓励大家积极参与到抵抗灾害的城市建设当中。

图7-3　神户市阪神地震保留的灾害遗迹

资料来源：黄勇超，罗兴华，杜岩. 日本神户市防灾减灾对策及其启示 [J]. 城市与减灾，2020（3）：60-64.

图7-4　人与防灾未来中心

资料来源：日本国家旅游局（JNTO）。

（3）经验与启示

日本神户市为提升城市整体的防灾减灾能力，从各个方面采取措施，为河南省大中城市防灾减灾支撑体系建设带来了以下几点启示：

①重视加强城市的"韧性"建设。城市韧性指的是城市在面对灾害

冲击时能够具有抵御并快速恢复的能力。为了提升这种韧性，神户市制定并持续完善其强韧化规划。在该规划的引领下，神户市致力于构建多元化的防灾减灾支持体系，涵盖了防灾减灾基础设施的升级、防灾减灾知识的普及与宣传等诸多方面，以提升城市对灾害的抵御与恢复能力。郑州"7·20"暴雨过后，河南省越来越重视城市韧性建设，但由于正处于起步阶段，许多东西仍停留在理论探索层面，尚未落实到实际的城市建设当中。

②注重防灾减灾经验的保留和传承。河南省历史上发生过地震、洪涝、干旱、暴雪等灾害，但从这些以往灾害中总结出来的经验大多停留在相关领域学者的研究当中，并未向灾害发生地的民众进行展示。河南省在防灾减灾支撑体系建设方面可以借鉴神户市的经验，促使灾区居民从灾害中学习自救和互救的知识。

③营造城市的安全氛围。神户市的城市宣传标语为"安全安心"，公众能切实地感受到神户市政府在为民众的安全生活而做出努力。城市防灾减灾工作的成效与城市竞争力息息相关。河南省的大中城市可以根据自身特点，积极塑造具有新时代特征和地域特色的城市安全文化，以提升城市的安全竞争力。

7.1.2　洛杉矶防灾减灾支撑体系"联邦支持、地方负责、社会参与"模式

全球灾害数据平台显示，美国近十年共遭受 240 次自然灾害的侵袭（见图 7–5、图 7–6），其中包括洪涝、地震、地质灾害和森林火灾等自然灾害，共造成 2800 多人死亡，直接经济损失更是高达 6495 亿美元。美国作为发达国家，在防灾减灾方面积累了较多的经验，下面以美国洛杉矶市为例，总结其防灾减灾的经验，并给予河南省大中城市防灾减灾建设启示。

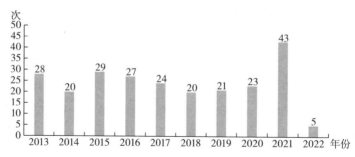

图 7 - 5   2013—2022 年美国自然灾害发生频次

资料来源：全球灾害数据平台。

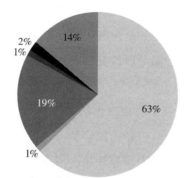

■ 热带风暴 ■ 地震 ■ 洪涝 ■ 地质灾害 ■ 干旱 ■ 森林和草原火灾

图 7 - 6   2013—2022 年美国自然灾害发生频次占比

资料来源：全球灾害数据平台。

（1）洛杉矶简介

洛杉矶位于加利福尼亚州西南部，靠近太平洋，是环太平洋地震带上的地震高发地区，历史上有记录的几次地震均产生较大影响（见表 7 -1）。

表 7 - 1   洛杉矶较为典型的自然灾害统计

发生时间	灾害类型	灾害影响
1933 年 3 月	地震	长滩地震，约 6.3 级，造成 120 人死亡
1933 年 10 月	火灾	格里菲斯公园火灾，烧毁 47 英亩土地，造成 29 人死亡，150 多人受伤
1938 年 2 月	洪灾	洛杉矶洪水造成 115 人死亡，7000 万美元的损失
1994 年 1 月	地震	北岭地震，约 6.7 级，造成 52 人死亡，9000 多人受伤，200 亿美元的财产损失

续表

发生时间	灾害类型	灾害影响
2006 年 7 月	热浪	热浪温度保持在 100°F 以上近两周，造成 150~450 人死亡
2012 年 7 月	干旱	洛杉矶遭遇了 1200 年以来最为严重的干旱

资料来源：Eric Garcetti. Resilient Los Angeles［R］. Los Angeles：City of Los Angeles，2018.

作为加州第一大城市，洛杉矶全市面积 10570 平方千米，2021 年的生产总值达到 71000 亿元人民币，拥有大约 400 万的人口，是美国西部最大的经济中心。在美国大中城市中，洛杉矶的自然灾害防备最充足，防灾减灾立法最完备。2013 年，洛杉矶是 100 韧性城市网络（100RC）的原始成员之一。100RC 是一个由洛克菲勒基金会发起的全球网络，旨在帮助城市增强韧性，以应对 21 世纪所面临的物质、社会和经济挑战。

洛杉矶一直是韧性城市网络的首批成员之一，并长期致力于推动韧性城市的建设。洛杉矶市长办公室于 2018 年发布的《韧性洛杉矶》强调，要加强公众参与度、做好灾前准备工作、提高灾后修复能力等，使洛杉矶成为最安全的城市。无论是自然灾害防备层面，还是韧性城市建设层面，洛杉矶积累的经验都为河南省大中城市防灾减灾支撑体系建设提供一定借鉴。

（2）防灾减灾支撑体系"联邦支持、地方负责、社会参与"模式

在洛杉矶的灾害应急响应中，联邦政府承担支持者的角色，州和政府负责主要的行动，当灾害发生，政府的救援力量和资源难以满足时，社会力量会参与到救灾当中，在一定程度上能缓解洛杉矶地方政府的灾害应对压力。因此，洛杉矶的防灾减灾支撑体系主要以"联邦支持、地方负责、社会参与"的模式呈现。

洛杉矶的防灾减灾支撑体系主要是以韧性城市建设为导向，以发布的《韧性洛杉矶》发展战略为指引，具有多层面、多领域、多主体的特点。构建防灾减灾支撑体系的核心在于制订明确的计划、政策和措施，并倡导洛杉矶的每一位居民都积极投身到韧性洛杉矶的建设之中。在构建防灾减灾支撑体系时，洛杉矶注重多个层面，这些层面涵盖了个体、社区和整个城市，韧性洛杉矶的建设强调整体的努力，每个洛杉矶人都愿意通过个人的努力为防灾减灾支撑体系的建设做出贡献。多领域的特点体现在洛杉矶防灾减灾支撑体系的建设涉及多个领域，如灾前准备工作、基础设施的现代化建设等领域。多主体的特点体现在防灾减灾支撑体系建设过程中涉及各个利益相关方的共同参与，如一些社区组织、其他非营利性社会组织、学术研究部门等共同参与建设洛杉矶防灾减灾支撑体系。

①开展韧性教育，增加公众参与。洛杉矶实施了一系列策略，旨在增强社区居民的参与度和年轻人的韧性建设能力。这些策略涵盖了灾害响应和灾后服务培训，旨在培养青少年在城市韧性建设中的领导才能，并组织了校园韧性竞赛等活动。洛杉矶鼓励大家加入"洛杉矶通知警报"（Notify LA）系统，以便在紧急情况下及时接收通知。此外，社区还提供了应急响应小组（CERT）的培训，传授给居民们协助社区疏散，救灾策略和沟通技巧，提高居民在灾害发生时协助急救人员救灾的能力。在培养青少年的韧性方面，洛杉矶通过支持他们参与市民领导计划，提供参与公民事务的机会，助力他们发展领导能力，并促进与职业人士和导师的交流；此外，洛杉矶还进一步扩展了劳动力发展计划，其中包括建立都市青年资源中心，推广洛杉矶地区的社会企业计划，执行洛杉矶就业计划，暑期青年就业计划，洛杉矶实习生计划；洛杉矶联合学区（LAUSD）与洛杉矶市紧密合作，共同制订并执行旨在培养下一代气候和灾害韧性领导者的计划。该计划不仅向学生们介绍他们所面临的韧性挑战，还积极鼓励他们发挥创新思维，寻找并实践最佳的解决方案。

②开展试点项目，积累韧性经验。洛杉矶正在推进邻里改造试点项目，该项目旨在探索和实施有效的高温热浪应对策略。这些策略包括增加植被覆盖率以提高城市绿化水平，提高城市表面的反射率以减少热量吸收，以及寻求社区参与的方法和途径。洛杉矶的邻里改造项目旨在通过实施制冷措施和改善公共卫生等策略，为社区居民带来实实在在的好处。项目团队鼓励社区成员积极参与，共同设计出符合各自社区特色的改造方案。为了推行一些简单的冷却策略，如增加绿化植树或使用自然冷却材料

来覆盖屋顶等，洛杉矶市采用了多种方式向居民普及相关知识。这些方式包括提供教育指导资料、组织研讨会等。此外，在优先社区（包括弱势社区和易受洪水影响的地区），洛杉矶市决定增加绿色基础设施，以增加当地供水、减少城市径流污染和减少热岛效应。

③创建数据平台，提供灾害信息。为了向社区居民提供便捷、高效和精准的服务和咨询，洛杉矶市致力于构建一个实时全面的信息平台和数据库。在这一过程中，洛杉矶市政府和相关主体紧密合作，共同发布公共教育信息和资源，以协助公众做好灾害应对的准备工作。提供应急准备指南，让公众了解如何自主应对和采取必要的行动措施，以应对核心环节出现的问题。同时，提升、完善地震消息预先通知技术，例如通过手机等设备将地震警报信息及时传递给市民。

④利用替代战略，抵御灾害冲击。及时修复或是重新利用因灾害受损的建筑及公共基础设施，可以增强灾后恢复的灵活性，减轻额外的经济和社会压力。为应对重大灾害后私人财产的严重破坏，洛杉矶市制订并实施了紧急土地使用工具计划。为了增强对抗地震的能力，洛杉矶市目前正致力于寻求更多资金和多样化的融资手段，一个关键措施是向住宅和商业建筑提供财政援助，以便它们能够进行必要的抗震改造。由于要保护财产免受巨大破坏，这些改造措施安装了抗震支撑系统等。鉴于条件和能力的限制，洛杉矶正在探索为无法自行改造建筑的业主提供额外贷款项目的可能性，以扩大加州建筑保护委员会（Cal CAP）的地震安全资本准入贷款计划。

（3）经验与启示

①注重创新和领导力培养。洛杉矶在建设城市韧性时，对每一个人，尤其是年轻人的参与都给予了高度的关注。为了实现这一目标，他们为洛杉矶未来的气候与灾难恢复力领军人物提供了一个训练计划，同时也组织了诸如"恢复力挑战"这样的活动，使青年的发展和城市恢复力的实际工作密切地联系起来。尽管河南省在韧性建设方面注重了公众参与和防灾减灾的宣传工作，但在针对青年人的韧性教育上仍有待加强。为了弥补这一

不足，河南省可以考虑成立类似于青少年 CERT 协作组织的机构，专门培训青年志愿者的相关技能和策略，以提升他们在应对灾害的各个环节中做出明智决策的能力。此外，河南省内的大城市可以与高等院校展开紧密合作，提供必要的资金支持，推动韧性知识的深入学习和就业培训项目的开展。同时，设立具有创新性的项目，引导青年人成为城市韧性建设的未来领袖和创新力量。

②注重合作关系的建立，将资源、合作关系和创造性解决方案结合起来，实施实际项目，加强社区结构。然而，政府在构建与社区组织和私营部门的合作关系上遭遇了一些困难，这在一定程度上阻碍了多元化参与的整体韧性治理体系的形成。同时，在实际项目的执行过程中，也缺乏持续的数据追踪和稳定的资金支持。为此，为了推动河南省各城市的韧性发展，建立数据共享网络平台显得尤为关键。这一平台不仅能够促进信息资源的有效交换、整合和共享，还有助于各参与主体之间的信息沟通和工作协调。

7.2 中国大中城市防灾减灾支撑体系建设经验及启示

7.2.1 合肥市防灾减灾支撑体系"六位一体"模式

安徽紧邻河南，属于内陆省份。在历史上，安徽省发生过地质、洪涝、干旱等自然灾害（见表 7-2），灾害类型与河南省类似。近年来，安徽省不断加强防灾减灾信息管理与服务能力建设、防灾减灾文化建设与宣传教育以及科普工程，以提高城市的防灾减灾能力。合肥市作为安徽的省会城市，经济实力较强，防灾减灾支撑体系建设成绩突出。因此，本书以安徽省合肥市为例，分析其防灾减灾的具体做法，从中总结河南省防灾减灾支撑体系建设的启示。

表7-2　安徽省近十年的典型自然灾害情况统计

发生时间	灾害类型	灾害影响
2015年7月	洪灾	受灾人口437万人，直接经济损失39.2亿元
2016年6月	洪灾	累计受灾人口911.8万人，直接经济损失158.4亿元
2018年8月	台风	受灾人口174.82万人，农作物受灾面积242.92千公顷，倒塌损坏房屋1118户4247间
2019年8月	地质灾害	有数人死于山洪地质灾害，直接经济损失达25.94亿元
2020年7月	洪涝	受灾人口1046.53万人，因灾死亡14人，农作物受灾面积1221.31千公顷，倒塌房屋5927间，直接经济损失600.65亿元

资料来源：安徽省应急管理厅。

（1）合肥市简介

合肥位于安徽省中部、江淮之间，地处长江三角洲西翼，属于"长三角"城市群，是沿海的腹地、内地的前沿，总面积11445平方千米。截至2022年底，全市常住人口约有963.4万人，GDP在2022年实现12013.1亿元，全年常住居民人均可支配收入48820元。

合肥市位于著名的郯（城）庐（江）断裂带南端，是中国13个地震重点监视防御城市之一。合肥市的设防烈度为7度。同时台风、持续性干旱、流域型洪水等也时有发生。

（2）防灾减灾支撑体系"六位一体"模式

为进一步筑牢灾害防御防线，最大限度保障人民群众生命财产安全，合肥市全面推进防灾减灾工作，从提升法治水平、健全体制机制、建立预警机制、夯实保障基础、提高应急能力和提升救助能力6个方面建立了"六位一体"的防灾减灾支撑体系，做实做细灾害风险防范，筑牢安全屏障。合肥市防灾减灾支撑体系建设的特点在于，紧紧围绕"防灾、减灾、救灾"，切实做到预防灾害，减小灾害损失。通过出台相关法案和预案体系来规范灾害应急管理工作流程，健全管理体制机制明确管理人员职责，切实做好灾害防范与准备工作。通过建立权威预警机制，完善灾害信息共享，减小灾害发生造成的损失；夯实保障设施水平，消除可能存在的风险隐患。通过成立应急救援队伍，定期开展应急演练，提高应急救援能力。

①稳步提升法治水平。合肥市正逐步优化其应急预案体系，针对不同类型和特性的灾害，对《合肥市自然灾害救助应急预案》《合肥市森林火灾应急预案》《合肥市防汛抗旱应急预案》等进行了细致的修订工作。此外，合肥市还发布了一系列重要文件，如《合肥市"十四五"应急管理规划》《合肥市自然灾害灾情会商制度》等，这些文件旨在进一步标准化和规范化灾害应急管理工作的流程，提高灾害应对的效率和准确性。

②逐步健全体制机制。合肥市73个乡镇的"1+10+4+N"防灾减灾救灾体系是其参考了肥西县桃花镇的工作模式之后建立的。该体系包括一个综合减灾应急管理体系，以及一中心、一张网、一规程、一台账、一预案、一张图、一队伍、一阵地、一个库、一平台"10个目标"。同时，协调联动了技术支撑力量、应急社会力量、镇本级力量、综合应急力量"4力量"，以服务大众、社区、商户和企业等"N对象"。合肥市大力倡导并鼓励各单位加入防灾减灾委员会，截至目前已有42家单位成为其成员。为确保灾害应对工作的有序开展，合肥市制定了相应的工作机制，详细规划了委员会在灾害发生时的运行程序以及各成员的具体工作职责；组成了由2500余人组成的灾害信息员队伍，这些信息员遍布各个村庄，旨在推动市、县、乡三级自然灾害灾情会商制度的建立与完善。

③建立权威预警机制。灾害信息及时有效地传达和沟通是防灾减灾工作中的重要一环，合肥市建立水文、气象等监测预警信息共享机制，确保政府相关部门以及民众能够第一时间了解到灾害信息。编制预警信息发布清单，明确预警信息发布渠道与传播机制，同时，建立了灾害性天气停工停课停业的制度，明确了不同风险等级下应采取的安全措施。当前，合肥市的应急响应短信已经能够做到全网发布覆盖全市一千余万手机用户。通过提升信息发布覆盖率和精准度，优化预警信息共享水平。

④加强保障设施建设。合肥市正积极推进多个重大项目，主要有巢湖环湖防洪治理、地质灾害综合治理以及避险移民搬迁等工程。合肥市进行了洪涝和地质灾害隐患点治理来处理可能发生的灾害忧患。另外，合肥市还通过"江水西引"工程，为城市供水提供了一条新的供水渠道；为保障

地震多发地区住宅设施的安全，合肥市对已建房屋进行了加固，并明确提出新建、改建房屋必须满足 7 个抗震等级。

⑤持续提升应急能力。合肥市已完成卫星、微波、短波通信等系统的建设，并成功建立了市级应急指挥视频会议系统。同时，积极推进乡镇、社区和企事业单位的应急管理机构建设，并组建了基层综合应急队伍，以乡镇干部、党员和民兵等为主体，还成立了水上救援队。组织各单位开展应急管理综合业务培训，定期进行应急预案演练。通过多种途径不断提升相关部门的应急管理实战能力。

⑥显著提升救助能力。合肥市编制《合肥市应急物资储备规划》，该规划明确指出了各物资储备点的职责。同时，合肥市还进行了物资储备的优化和完善。目前，合肥市已经准备了大量的应急物资，包括帐篷、折叠床、棉被等，共计 10 多万套。为了保证灾区快速反应，合肥市加大了救灾物资的调配力度，争取在 10 个小时之内，满足 50000 名灾民的基本生活需求。

（3）经验与启示

①加强法规规章和预案标准体系建设。法律法规的颁布进一步指导着防灾减灾具体措施的实施。合肥市在防灾减灾建设上出台和修订了一系列法律文件，详细指导城市的防灾减灾。河南省仅 2020 年一年内就发生了 43 次自然灾害，同比增长 43%，1026 万人因此受灾，直接经济损失更是高达 40.95 亿元。作为一个自然灾害频发的大省，其防灾减灾具体措施的执行和落实需要有相关法律的指导。要根据国家法律法规的制定和修改情况，适时推动修改和完善本省市防灾减灾救灾的地方性法规和政策文件。同时，要积极完善本省市以及基层单位的全灾种应急救援预案，逐级落实责任和措施，提高自然灾害类应急预案的科学性、规范性和实操性。

②健全应急管理工作机制。高度有效的应急管理机制能大幅提高防灾减灾的能力，合肥市将全市的乡镇联合起来建立"1 + 10 + 4 + N"防灾减灾救灾体系，大幅提升全市的应急管理工作效率。河南省大中城市防灾减灾支撑体系的建设应健全应急管理的工作机制，加强省市应急管理部门与

各个相关部门的协作机制，提高防灾减灾的资源利用率，最大限度地发挥防灾减灾队伍的能动性。按照各省之间的应急救援联动工作机制，河南省十三个大中城市之间可以建立应急协调联动机制，共享灾害信息，共商灾害应对机制。

③推进防灾减灾基础设施建设。合肥市为消除可能存在的灾害风险隐患，定期对灾害隐患点进行设施设备的检查和加固，如定期治理洪涝和地质灾害的隐患点，加固地震易发区的房屋建构。而郑州市"7·20"暴雨引发的城市内涝暴露了河南省在城市防灾减灾基础设施上的欠缺和短板。因此，河南省大中城市防灾减灾支撑体系建设要注重防灾减灾基础设施的建设，以高标准对省市的防灾减灾基础设施进行规划，大力度支持防灾减灾基础设施更新和建设。

7.2.2 深圳市防灾减灾支撑体系"政府主导、市场运作"模式

防灾减灾救灾能力是检验现代化城市治理水平和安全系数的重要指标。深圳市始终以人民为重，确保生命安全不受威胁，促进安全与发展的一体化。在城市防灾减灾救灾建设方面，深圳市不断加强科学化、精细化和智能化，提高城市的安全韧性水平。郑州"7·20"暴雨过后，河南省印发《河南省新型城镇化规划（2021—2035年）》，明确指出要建设安全可靠的韧性城市，聚焦重大风险防控薄弱领域，完善体制机制和防灾减灾设施，全面提升城市抵御冲击能力，保障城市正常运转和人民生命健康、财产安全。深圳先行打造的防灾减灾救灾韧性城市，为河南省在韧性城市建设上提供了充足的经验借鉴。

（1）深圳市简介

深圳市位于广东省南部，珠江口东岸，全市总面积1997.47平方千米，常住人口1768.16万，地区生产总值在2021年突破3万亿元。

1980年，深圳市被设立为中国第一个经济特区，成为改革开放的窗口和新兴移民城市。40多年来，深圳市从一个小渔村快速发展成一个现代化的海滨城市，在这个过程中，深圳市遭受了无数次自然灾害的袭击，尤其是暴雨引发的洪涝、台风等自然灾害，这些自然灾害的发生给深圳造成巨

大损失，同时也严重制约着社会稳定和经济发展。因此，深圳在快速发展的同时，也在不断探索防灾减灾新模式。

（2）防灾减灾支撑体系"政府主导、市场运作"模式

为提高城市的整体韧性，深圳市率先打造防灾减灾救灾的韧性示范城市，针对区域灾害类型和特点，构建"政府主导、市场运作"模式的防灾减灾支撑体系。政府主导就是在防灾减灾具体措施的制定和执行过程中，政府部门起着主导作用，市场运作是指建立有效的市场运作体系，通过市场运作，使社会企业在防灾减灾支撑体系的建设中发挥一定的作用。深圳市在防灾减灾措施的制定和实施上由政府部门主导，通过市场运作使社会企业为全市防灾减灾能力的提升做出一定贡献。如自然灾害预警系统建设上，深圳市政府部门提出该实施方案，由社会企业在市场的作用下参与并完成该系统的建设。

①以防为主关口前移，完善监测预警体系。在应急管理方法中，预防是最有效、最经济的。想要防灾减灾救灾工作取得良好效果，必须在灾害到来之前，采取科学的方法提前判断灾情，从而部署防范。近年来，深圳在建设防灾减灾工作监测预警体系的基础上，实现更加精细化的预警预报。围绕"灾前、临灾、灾中、灾后"关键时间节点，气象部门创建了"31631"服务模式，即实现：提前 3 天预测过程风雨量，提前 1 天预报风雨降落区域和影响时段，提前 6 小时定位高风险区，提前 3 小时分区预警，提前 1 小时发布精细到街道的定量预报。深圳市于 2020 年 12 月出台了《深圳市自然灾害防治能力提升行动方案》，由市应急管理局等八个部门共同牵头，目的在于推进九项关键性工程的落地执行。这些工程包括灾害风险勘察及重点风险点排查项目、海岸带生态保护与修复工程、防汛抗旱水利设施优化工程等。该行动计划在三年内投入 300 多亿元，为深圳防灾减灾救灾补齐短板，提升防灾减灾救灾能力。

②科技赋能防灾减灾，筑牢城市安全屏障。深圳市作为"科技之城"，在防灾减灾救灾工作中充分发挥科技创新的优势，积极尝试采用人工智能、物联网、云计算等前沿科技，引入了智能大喇叭、智能杆、AI 摄像头

等一系列自动化专业监控设备，构建了全方位、智能化的"智慧化"管理体系，从而打造了一个智能而高效的城市安全防护体系。2020年初，深圳正式启用了涵盖事前预警、事中决策和事后应急指挥的"智慧三防"应用体系。这套系统将对全市202个内涝点的水位进行实时监测，当水位超过预先设定的警戒值时，将会立刻调派相关地区的救援队前往救援，以保证城市的安全。深圳"智慧三防"系统，在2020年洪汛期间，汇集水务、气象、海洋、规划局等多个部门的2200万条数据，构建了三防专题数据库；系统改进了短期临近预测功能，为街道区域提供准确的预警信息；并将三防方案及作业指示电子化，将有关的作业指示按各级、各部门推送给有关人员，使命令能迅速、有效地传递，提高反应速率。据统计，深圳市"智慧三防"系统实施后，防洪、台风等灾害事件的应对能力较上年下降了61%，应对台风灾害的能力下降了11%，社会效益显著提高。

③提升城市安全韧性水平，全面建设深圳综合减灾社区。社区不仅是城市中最小的组织单位，也是防灾减灾救灾工作的最后一环。到2021年底，深圳市共有社区662个，其中165个社区获得了"全国综合减灾示范社区"称号。2021年3月，深圳市减灾委办公室、深圳市应急管理局、深圳市气象局、深圳市地震局联合印发《深圳综合减灾社区创建实施方案》，在"全国综合减灾示范社区"的基础上提出更高要求，打造减灾社区的深圳地方标准，推动全市所有社区达到"深圳综合减灾社区"标准，提升城市安全韧性水平。

④先行打造韧性示范城市，为防灾减灾夯实基础。深圳在防灾减灾救灾领域率先示范，并制定相关法规政策进行保障：《深圳经济特区城市安全发展条例》是一部从规划、建设到运营全过程中对城市安全进行监管的一部重大规章；深圳充分发挥特区法律权威，将自然灾害等多灾种的创新思想融入城市防灾减灾体系中，对《深圳经济特区自然灾害防治条例》等相关法律进行了积极探索，为我国制定自然灾害防治法律体系提供了范例；深圳2014年开始实施《深圳市巨灾保险方案》，标志着其成为首个成功引入巨灾保险制度的城市。借助保险制度的功能，显著降低了政府面对

临时巨灾的财政压力，并能够动员更多社会资金来提供保障，提高灾后经济补偿能力。深圳从巨灾保险试点至今，已累计对5042人进行了救助，赔付金额高达1659.48万元，为灾后风险共担提供了宝贵的经验。

（3）经验与启示

深圳深受暴雨洪涝和台风等自然灾害的困扰，快速发展的同时也在城市的防灾减灾建设上下足功夫，其为提升城市整体的防灾减灾能力采取的一系列措施给河南省大中城市建设防灾减灾支撑体系带来一定的启示。

①完善重大自然灾害保险保障体系。巨灾保险是指针对地震、洪水等具有重大财产损失和重大人身伤亡的自然灾害，利用保险机制，通过制度安排，对其进行风险分担和经济赔偿的一种保险。深圳市在2014年就开始实施巨灾保险制度，已通过灾害保险救助了5000多人，积累了较多的灾害保险相关经验。河南省在灾害保险上尚不成熟，可以借鉴学习深圳经验，结合本省自然灾害的类型和特点，因地制宜地建立河南省特有的巨灾保险机制。

②完善监测预警体系。深圳市为提升预警系统的精细化，不断加大对预警系统的完善力度，将灾害预测的时间尽可能提前。建成了突发事件预警信息发布平台，在自然灾害发生前的最短时间内以信息的方式通知到公众个体。目前，河南省大中城市防灾减灾支撑体系的建设要借鉴深圳在预警系统上的建设经验，将灾害预警的时间尽可能提前，预警信息的发布尽可能全覆盖。

③强化科技助力防灾减灾。科技是第一生产力，科学技术在防灾减灾中的应用是一个国家防御和应急管理现代化的重要标志。深圳市充分发挥科技创新的优势，积极探索物联网、5G等在灾害预警系统上的运用，形成一套"智慧化"的应急管理体系和应对机制。河南省大中城市也要逐步加大对防灾减灾科技研发的支持力度，充分将科学技术应用到防灾减灾当中，不断提高应急中的科学技术水平，为河南省的防灾减灾提供有力保障。

④积极推进减灾示范区建设。深圳市超过20%的社区已建成全国综合

减灾示范社区，在此基础上进一步打造减灾要求更高的深圳市综合减灾社区。河南省近年来也在积极推动韧性城市建设，社区是城市的基本单元，提升城市的安全韧性水平必须提升社区的安全水平。因此河南省大中城市在探索建设韧性城市时，应将重心下移、力量下沉、保障下倾，切实提高社区的防灾减灾能力，积极推进防灾减灾示范社区建设。

7.2.3 郑州市防灾减灾支撑体系"四位一体"模式

（1）郑州市简介

郑州地处嵩山东麓、黄河之滨，居中华腹地，全市总面积 7567 平方千米，市中心城区城市建成区面积 744.15 平方千米，市域城市建成区面积为1342.11 平方千米，常住人口 1274.2 万人。2021 年郑州市的生产总值达到12691 亿元，人均生产总值达到了 10.01 万元。

郑州市地形比较复杂，总趋势是西南高、东北低。近三十年来，郑州市发生的自然灾害主要有干旱、洪灾、大风、冰雹等（见表 7-3）。作为河南省的省会城市，郑州市在防灾减灾建设上一直处于全省前列。

表 7-3 郑州市近三十年来的典型自然灾害统计

发生时间	灾害类型	灾害影响
2002 年 7 月	冰雹	受灾人口达 128 万，有 18 人死亡，212 人不同程度受伤。农作物受灾面积 108 万亩，其中绝收 42.3 万亩。毁坏耕地 1.53 万亩，损坏房屋 3165 间，直接经济损失为 4.9 亿元
2004 年 12 月	大风	灾害共涉及新郑、惠济、金水、管城三区的 12 个乡（镇），共造成农作物受灾 1.8 万亩，经济作物 0.17 万亩，倒损树木 40632 棵，倒损线杆 372 根，倒塌房屋 138 间，死亡 4 人，轻伤 20 人，直接经济损失 2500.5 万元
2008 年至 2009 年的冬春之交	旱灾	全市农作物受灾面积 1.6 万亩，受灾人口 113.48 万人，其中饮水困难人口 18619 人，因灾造成直接经济损失 1.4 亿元
2009 年 11 月	暴雪	受灾人口 11.15 万人，农作物受灾面积 5.8 万亩，绝收 0.2 万亩，造成直接经济损失 2.6 亿元
2011 年 9 月	洪灾	受灾人口 41807 人，其中因灾死亡 2 人，紧急转移安置人口 5525人；农作物受灾面积 7.1 万亩，倒塌房屋 1017 间，农作物受损167.24 万亩，损坏房屋 1564 间，造成直接经济损失 7604.2 万元

发生时间	灾害类型	灾害影响
2021 年 7 月	洪灾	受灾人口 188.49 万人，因灾死亡 380 人，市政道路损毁 2730 处，干线公路损毁 1190 处，农村道路损毁 6415 处，受灾农村 1126 个，倒塌房屋 5.28 万间，农作物受损 167.24 万亩，直接经济损失 409 亿元

资料来源：郑州市应急管理局。

（2）防灾减灾支撑体系"四位一体"模式

为牢固树立"坚持以防为主，防灾救灾相结合，坚持常态减灾与非常态救灾相统一，从注重灾后救助向注重灾前预防转变，从应对单一灾种向应对综合减灾转变，从减少灾害损失向减轻灾害风险转变"的"两个坚持、三个转变"新时期防灾减灾救灾新理念，郑州市积极建设自然灾害防灾减灾支撑体系，"四位一体"提高防范化解重大风险隐患的能力。防灾减灾支撑体系建设的特点在于"强化预防，深化服务"，强化预防在于不断推进安全风险隐患排查，增强群众风险防范意识，针对区域灾害类型和特点不断完善监测预警体系，综合提高城市的防范能力和水平。深化服务在于开展管理机构改革，明确应急管理等相关部门的职责，壮大应急救援队伍，切实做好风险防范的准备工作。

①健全应急管理体制机制。郑州市在组织结构上进行了进一步的改革，初步建立起了具有明确职责的城市突发事件应急管理体制。同时，郑州市应急处置中心也成立了"1 + 12"的应急处置领导小组。制定并执行了《郑州市事故灾难和自然灾害分级应对办法》《郑州市应急救援联动工作机制（试行）》《解放军和武警部队参加应急救援行动对接办法》以及《关于民兵应急力量纳入政府应急管理体系的通知》等法律文件，在此基础上，对突发事件进行了系统的分析，提出了相应的应对对策。

②加强双重预防体系建设。郑州市以"典型引路""标杆引路"的方式，推动了双重预防体系的构建。对危险源进行分类管控，对灾害隐患进行排查治理，建立郑州市双重预防企业档案，实行"每月一调度、每季一通报"的工作制度。在全市范围内，已初步形成了信息畅通、全员参与、

可评估、可智能控制和可追溯的双层防范系统，使防灾减灾能力不断提高。此外，还实施了防汛抗旱、森林防火、地灾防治、地震防御、应急避难场所等防灾减灾基础设施建设，加强了城市重要的供水、排水、通信、交通、电力等项目，统筹推动创建"平安建设"和"综合减灾"示范社区，全面推行县（街）级应急管理组织"六有"规范化建设，综合防灾减灾能力不断提高。

③夯实应急救援基础。在此基础上，建立具有中国特色的应急救援队伍，构建以专业救援队伍为主体，以军事应急力量为主攻，以社会力量为辅的应急救援体系，为各种救援队伍建设提供支撑。郑州市现有应急救援队 110 个，全市应急救援力量已达 6311 名；共有 236 支应急骨干民兵队伍，共计 7840 人；全市共有 13 个应急分队 522 人。另外，郑州市还在持续强化应急救援设备和物资储备，健全协议储备体系，发挥专项物资储备、企业储备等多种储备作用，构建以政府储备为主、社会储备为辅的应急物资保障体系，切实提高城市应急保障水平。

④提高应急管理科技水平。以信息技术推动突发事件应急处置能力现代化，郑州市在全市范围内启动了"市、县"应急指挥中心，推进了"云视讯""调度值班"可视化等工作。依托郑州市气象局建设"郑州市大城市气象防灾减灾重点实验室"，并与南京水利科学研究院、郑州大学、河南省气象台等单位协作，围绕提升监测预报能力，更加精准预报降雨区域、时间、雨强等重点难点和短板弱项等，开展科学研究和靶向攻关。加强应急管理专家队伍的建设，促进现代化信息技术和应急管理工作的深度结合，进一步提升了应急科技支撑能力。

（3）经验与启示

①健全应急管理工作机制。高度有效的应急管理机制能大幅提高防灾减灾的能力，郑州市近年来不断深入开展应急管理机制改革，建立了"1＋12"的郑州市应急救援指挥部，使得应急管理部门与气象局、水利局、消防部门等各个相关部门形成协同联动的工作机制。参照郑州市的"1＋12"协同联动机制，河南省防灾减灾支撑体系建设可以在城市与城市之间

建立应急协调联动机制，共享灾害信息，共商灾害应对机制。建立完善的风险联合商议研判机制、防灾救灾一体化机制，形成"全灾种、大应急"的防灾减灾救灾格局。

②提升完善应急预案体系。建立完善的应急预案体系是应急管理工作的重要内容，是预防和应急准备环节的重要基础。郑州"7·20"暴雨由于应急预案没有及时更新，造成了不必要的人员伤亡。因此，在建设河南省防灾减灾支撑体系时，要完善应急预案评估和修订工作，明确指出各个相关部门的具体职责、应答机制和行动措施，在接收到预警信息后，严格按照预案启动响应。此外，还加强了预案内容的审核，并且严格控制预案之间的衔接，以增强预案的整体性、协调性和实效性。

③筑牢防灾减灾的保障基石。作为抢险救灾重要保障，应急物资关乎民生，构建科学合理的应急物资保障体系是实现国家治理体系和治理能力现代化的强大保障。加强应急物资保障体系的建设，才能切实提高应对处置突发事件的能力和水平。郑州市为提升城市的防灾减灾能力，不断建立健全各种应急救援队伍，加强救灾应急装备和物资储备能力建设，有效提升城市的应急保障能力。防灾减灾支撑体系的建设也要夯实防灾减灾保障的基石，摸清应急物资保障底数，制订应急物资储备计划，构建应急物资储备平台，全面提升市乃至省的防灾减灾和救灾能力。

7.2.4 洛阳市防灾减灾支撑体系"12321"模式

(1) 洛阳市简介

洛阳地处河南省西部，黄河中游，晋、陕、豫三省交界地带，是我国中西部地区的交通中心。该市面积达 15200 平方千米，常住人口 707.9 万人。根据 2022 年统计报告，其当年 GDP 为 5675.2 亿元。

洛阳市地处太行山隆起、豫西隆起、开封坳陷以及汾渭断陷带的环绕之中，洛阳盆地为典型的东西向断陷盆地，其形成过程具有漫长而复杂的历史。洛阳地区属暖温带季风区，夏季炎热、雨水集中、暴雨频发，特有的地貌特征和气候特征易诱发滑坡、中小流域洪涝等气象地质灾害。洛阳位于许淮地震带西段，历史上曾发生过多次地震。公元前 1767 年，偃师地区经历了一次震级为 6 级的地震，公元前 519 年 8 月 8 日经历了一次震级为 5 级的地震，公元 1303 年 9 月 25 日山西洪洞地区发生了一次震级为 8 级的地震，公元 1556 年 2 月 2 日陕西华县地区也发生了一次震级为 8 级的地震，前两次地震发生在洛阳盆地，后两次则发生在汾渭断陷带，4 次地震给洛阳造成的破坏烈度达到 VII 度。洛阳目前探明的断裂主要有石陵—白鹤断裂、偃师断裂、新安—郏县断裂、洛河断裂。

防灾减灾经济支撑体系一直是防灾减灾韧性城市建设的重要维度之一，洛阳市近几年的 GDP 在河南省 18 个城市中排名第二，良好的经济发展助力了经济韧性支撑体系的建设，使得洛阳市的防灾减灾支撑体系建设取得较好成绩。因此，除郑州市外，本章还选取了河南省洛阳市进行防灾减灾支撑体系建设案例分析。

（2）防灾减灾支撑体系"12321"模式

安全是城市可持续发展的重要保障，是人民追求美好生活的基本保障。近年来，洛阳市为深入贯彻习近平总书记关于提升基层应急能力的重要论述，建立了"12321"的防灾减灾支撑体系模式，也即凝聚一个共识，培养群众防灾减灾意识；了解城市的自然灾害类型，完善预警发布，摸清城市存在的风险隐患，动态统筹监管；建立健全会商研判、指挥调度和联动协作三个机制，联动各个相关部门，针对灾害类型和特点切实做好防灾减灾准备工作；积极推进应急预案标准体系建设和应急物资保障两方面工作，筑牢城市的安全屏障；强化城市应急救援能力建设，提升城市应急水平。

①凝聚一个共识，培养群众防灾减灾意识

洛阳市高度重视民众的安全文化素养，积极推动各类安全教育活动进入学校、社区（包括农村地区）和家庭。他们致力于加强对各种应急知识的宣传和普及，以提升公众的安全意识和应对能力。充分运用现代科学技术如虚拟社区、移动客户端等，开发各类科普读物，以及小视频等向公众传播各类安全应急教育文化产品，整合市县有关部门的安全教育资源，通过特定渠道向基层群众进行应急知识宣传和教育。通过灾害防治的宣传教育，引导公众正确认知灾害事故，提高自身的风险防范意识，在此基础上，向公众普及灾前隐患排查、灾时应急处置以及灾中自救互救等安全知识，全面提升公众的防灾减灾意识。同时，将安全教育纳入学校的必修课程中，从青少年开始就注重防灾减灾意识培养。

②摸清城市的风险隐患点，完善灾害预警发布

2022 年汛前，洛阳市自然资源和规划局对全市 596 个地质灾害隐患点进行全面排查，通过综合治理、移民搬迁、核查核销等工作，隐患点总数核减为 393 个。同时，加强对 393 个地质灾害隐患点精准防控，县乡村多次组织受威胁区域群众进行疏散演练，保证全年不发生地质灾害人员伤亡事件。

在了解城市的自然灾害类型，摸清城市存在风险隐患点后，洛阳市进一步完善了灾害预警发布机制。应急管理系统主动与气象、水利、林业、自然资源等部门合作，每月、每季度和重大节点时发布灾害风险预报和监测信息。预警信息发布机构充分利用移动客户端、电子显示屏以及小视频网站等信息传播渠道，及时准确地向社会公众发布预警信息，当地的电视台以及手机报等媒体在接到预警信息后无偿转发，为民众尽可能地争取到更多灾害应对时间。

③建立三个机制，加强部门协调联动

建立会商研判机制。洛阳市减灾委联合应急管理局、自然资源局、水利局、农业农村局、气象局、城市管理局、消防队等有关单位定期召开自然灾害风险隐患会商研判会议，根据当前一段时间的气象信息，分析研判下一阶段存在的自然灾害综合风险形势，并据此提出防范应对建议。建立权威指挥调度机制。优化自然灾害应急管理指挥机构，明确应急指挥长及其成员的构成和职责，提高应急指挥的及时性和可操作性。洛阳市各乡镇和街道都建有应急指挥平台，并与市级应急指挥调度系统连接。这样的措施使得市、县（区）、乡镇（街道）三级之间能够进行视频会议、指挥调度和在线会商研判。健全协调联动机制。整合优化社会应急救助力量，实行分级联动，将公安、应急、消防、医疗急救等承担经常性社会服务、紧

急救援和应急处置的部门，以及水、电、油、气等与民生密切相关的公用事业单位，确定为一级联动单位，非经常性承担社会服务和应急处置的部门实行二级应急联动，对其他需要协助和参与的单位、社会组织实行三级应急联动，着力提高联动处置能力。

④做好两个工作，筑牢城市安全屏障

做好灾害应急预案标准体系建设工作。洛阳市深刻吸取郑州"7·20"特大暴雨等灾害教训，针对工作职能调整、覆盖面不全、操作性不强等新形势要求，对专项应急预案进行修编工作，特别加强极端天气条件下突发事件应急预案的管理，完善应急响应机制，细化应对细则。针对本区域可能发生的各种自然灾害，制定并出台了《洛阳市森林火灾应急预案》《洛阳市抗旱应急预案》《洛阳市防汛应急预案》等文件，根据洛阳市的具体情况进行应急响应和预警发布，应急预案明确指出了在森林火灾、洪涝以及干旱等自然灾害发生时，各相关部门第一时间应该采取的救援措施。做好应急物资保障工作。为贯彻习近平总书记关于积极推进我国应急管理体系和能力现代化的重要讲话精神，落实省委、省政府《河南省应急管理体系和能力建设三年提升计划（2020—2022年)》要求、市委常委会要求的重要举措，洛阳市积极筹备豫西应急储备物资中心建设，该物资储备中心集救灾救助物资、生活救助物资、防汛抗旱物资、森林防火物资、应急救援装备、防汛抗旱装备6类物资于一体，对于增强应急物资保障能力、提升洛阳市整体灾害应对水平具有重要意义。

⑤加强能力建设，提升城市应急水平

洛阳市积极推动军地应急救援工作的一体化建设，将民兵队伍纳入应急救援体系当中，充分发挥民兵队伍的优势，提升应急救援能力。在"5·12"全国防灾减灾日、唐山"7·28"大地震周年纪念等重点时间点，开展地震应急演练以及专门的抢险救灾队伍演练。同时，在学校、大型超市等人流密集的地方，开展了防震撤离演习，增强了防震减灾的实战能力。为加强对突发事件的处理能力，市紧急救助中心组建了一支专门的地震救护队。同时，他们也在加快推进应急避难场所的建设，目前已建成79

所避难场所。完善灾情速报志愿者队伍，在灾前、灾中及时准确地传递灾害信息，为全市的应急管理工作奠定坚实基础。

（3）经验与启示

①推进防灾减灾基础设施建设。河南省政府表示，"十四五"时期，河南省将大力推进安全韧性城市建设，全面提高城市的灾害防御和风险抵御能力，其中提到要不断提升城市的基础设施韧性。河南省大中城市防灾减灾支撑体系建设要积极推进防灾减灾基础设施的建设和更新，以高标准对省市的防灾减灾基础设施进行规划，大力度支持防灾减灾基础设施更新和建设。

②增强社会风险意识和自救互救能力。灾害发生时群众的自救或互救至关重要，而群众自救互救能力的具备和提升，需要政府以及其他相关部门在防灾减灾和灾害互救知识的宣传及教育上做出努力。防灾减灾和应急自救知识的宣传教育是一项长期而又系统的工作，关系到公众安全防范意识的增强和应急能力的提升，应做好精细规划。河南省在建设防灾减灾支撑体系时，应注重增强公众的风险意识和自救互救能力，创新防灾减灾教育知识的宣教，建设防灾减灾模拟和应急自救知识培训基地，让公众从具体的情境体验中了解灾害知识，达到灾害发生时可以自救的目的。

8 河南省大中城市"五位一体"防灾减灾支撑体系建设

按照"战略思维、问题导向、补齐短板、精准发力"的总体思路开展河南省大中城市防灾减灾支撑体系建设。通过对河南省灾害现状及城市防灾减灾能力的评估,识别河南省大中城市防灾减灾存在的问题,并以问题为导向,找出短板要害,依托国内外大中城市防灾减灾支撑体系建设经验,精准施策发力,以防灾减灾经济支撑体系、防灾减灾社会支撑体系、防灾减灾基础设施支撑体系、防灾减灾生态支撑体系及防灾减灾管理支撑体系建设为抓手,打造"五位一体"的防灾减灾支撑体系,为河南省大中城市防灾减灾支撑体系建设献计献策(见图8-1)。

图8-1 河南省"五位一体"防灾减灾支撑体系

8.1 指导思想及基本原则

以习近平新时代中国特色社会主义思想为指导,全面贯彻习近平总书记关于应急管理、防灾减灾救灾和提高自然灾害防治能力等重要论述,坚持

172

以人民为中心的发展思想，坚持以防为主、防抗救相结合，坚持常态减灾和非常态救灾相统一，统筹发展和安全，以数字赋能推动高质量发展，以改革创新谋划现代化建设，以综合协调凝聚核心竞争力，夯实自然灾害风险防治基础，提升灾害监测预警水平，增强灾害应急保障能力，强化科技信息支撑，实现整体智治和精密智控，高水平建设社会主义现代化城市，为建设高质量现代化河南提供坚实的安全保障。

8.1.1 指导思想

在党中央坚强领导下，特别是党的十八大以来，以习近平同志为核心的党中央高度重视防灾减灾救灾工作，习近平总书记多次在不同场合就防灾减灾救灾工作发表重要讲话或作出重要指示，多次深入灾区考察，始终把人民群众的生命安全放在第一位。

坚持以习近平新时代中国特色社会主义思想为指导，深入贯彻党的二十大精神，全面贯彻习近平总书记关于防灾减灾救灾和提高自然灾害防治能力的重要论述，明确加强自然灾害防治关系国计民生，牢固树立以人民为中心的发展思想，坚持人民至上、生命至上，科学把握"两个大局"，统筹发展和安全，发挥党员先锋模范带头作用，进一步夯实监测基础，加强预报预警，摸清风险底数，强化抗灾设防，调动社区在防灾减灾中的基础作用，提升应急响应保障能力，增强公共服务，创新防灾减灾科技的运用，大力推进新时代防灾减灾事业现代化建设，提升防灾减灾综合能力，最大限度减轻各类灾害风险和损失，努力推动防灾减灾事业高质量发展，全面提高全社会抵御自然灾害的综合防范能力。

8.1.2 基本原则

（1）坚持以人为本、服务发展

树牢以人民为中心的发展思想，坚持一切为了人民、一切依靠人民，切实保障人民生命财产安全和经济社会健康发展。

（2）坚持预防为主、降低风险

牢固树立灾害风险防治理念，运用科学知识和技术摸清各类灾害规律，坚持关口前移、主动防御，提升灾害风险综合防治能力，最大限度减轻各类灾害风险和损失。

（3）坚持问题导向、精准施策

坚持党委领导、政府主导、社会协同、公众参与、法治保障，聚焦河南省防灾减灾事业发展的关键阻碍，着力夯实基础、补齐短板，提升防灾减灾综合能力。

（4）坚持深化改革、开放合作

加强与高校、科研院所合作，建立健全开放合作、共建共治共享的工作机制，加快构建系统完备、科学规范、运行高效的防震减灾体制机制。

8.2 建设模式

基于规划原则、系统性原则、科学合理性原则及定性定量原则，结合中央及地方防灾减灾规划和方案及专家学者的相关研究，本书基于经济、社会、基础设施、生态和管理五种韧性支撑体系构建城市防灾减灾支撑体系，通过对应急管理相关领域专家及从业人员发放问卷并进行回收统计，结合从官方相关统计报告采集的必要数据，从上述五个维度对河南省区域内大中城市防灾减灾支撑能力进行评价，并以此为切入点，参照先进经验，打造河南省大中城市"五位一体"防灾减灾支撑体系。

其中，"五位"分别指防灾减灾经济支撑体系、防灾减灾社会支撑体系、防灾减灾基础设施支撑体系、防灾减灾生态支撑体系及防灾减灾管理支撑体系。防灾减灾经济支撑体系为大中城市经济系统在面临外来破坏时，可以通过自身系统的缓冲、迅速调整等，快速地恢复到稳定运转状态的支撑体系，主要包括社会捐赠、政府政策、传统金融市场和现代金融市场等支撑体系；防灾减灾社会支撑体系为大中城市社会对于灾害可以自我调节恢复稳定运行状态的支撑体系，主要包括保险、居民收入、财政支出等方面；防灾减灾基础设施支撑体系为大中城市现有基础设施在应对灾害时的灾前防范程度、灾时应对程度及灾后修复水平的支撑体系，主要包括城市供排水、供气、通信和电力系统等方面；防灾减灾生态支撑体系为大中城市生态系统受到灾害破坏后可以不受限制维持自身平衡状态，或者经过调整后达到一种新的平衡状态的支撑体系，主要包括环境治理、生态保护等内容；防灾减灾管理支撑体系为大中城市政府或相关单位在灾害发生前、灾害发生中、灾害发生后的应急管理支撑体系，主要包括规划、预案、应急措施、学习反思等方面。

8.3 建设路径

基于前述分析，河南省整体在防灾减灾管理和社会支撑能力方面建设较好，防灾减灾生态和基础设施支撑能力方面建设较为薄弱，防灾减灾经济支撑能力则位于五类防灾减灾支撑能力的中间位置。但考虑到行政、地理、经济、人口密度等因素差异，省内不同区域及城市间存在评价差异较大的情况。综上所述，河南省大中城市防灾减灾支撑体系建设应从共性入手，落实到地市的具体执行层面，应结合自身情况进行。

8.3.1 市场牵引，共筑防灾减灾经济支撑体系建设

防灾减灾经济支撑体系分为社会捐赠支撑体系、政府政策支撑体系、传统金融市场支撑体系和现代金融市场支撑体系等四大类。考察世界各国防灾减灾经济支撑体系的历史进程，不难看出，社会捐赠支撑体系影响不可忽视、政府政策支撑体系最为稳定和可靠、传统金融市场支撑体系依然占有市场主导地位、现代金融市场支撑体系发展迅猛。但防灾减灾经济支撑体系随着市场的发展，特别是随着保险市场、再保险市场、金融市场和资本市场的发展，日益多元化和丰富化，在传统防灾减灾经济支撑体系的基础上，主要依靠市场的力量，不断创新和开发了新型的防灾减灾经济支撑体系（见图8-2）。

（1）规范发展防灾减灾社会捐赠

社会捐赠支撑体系包括国内捐赠和国际捐赠两个部分。以政策优惠为推手，借助宣传，提升捐赠在防灾减灾事业资金中的占比。在支持民间合规慈善机构的设立和发展方面，应在税务政策上给予更多支助，具体措施包括：增加税前捐赠税收减免比例、直接连接个人所得税税前抵扣、允许

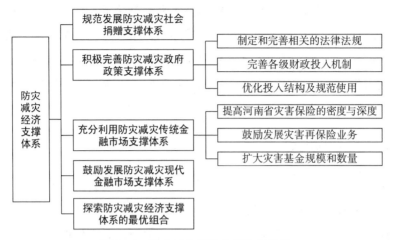

图 8 – 2　防灾减灾经济支撑体系建设

企业在所得税前全部抵扣，以简化减免税审批手续。加强信息披露和资金使用多元化监督渠道建设，联合宣传部门加强宣传和引导，做好媒体、慈善机构和爱心人士的沟通衔接工作，鼓励防灾救灾的捐助。在国内慈善机构平稳运行为防灾减灾做贡献的同时，应强化国际合作，合法合规接纳国际慈善资金帮助，充分利用国际慈善捐赠服务于河南省防灾减灾事业。

（2）积极完善防灾减灾政府政策

防灾减灾政府政策支撑体系主要包括财政专项拨款、财政救助、财政补贴、税收优惠和减免、政府紧急贷款等。世界各国的防灾减灾政府政策支撑体系往往扮演着防灾减灾风险最后"兜底人"的角色，特别是在防灾减灾政府政策支撑体系不发达的国家，防灾减灾政府政策支撑体系往往是使用较为频繁的工具之一，防灾减灾政府政策支撑体系也是目前发展最为稳定和可靠的支撑体系，为河南省防灾减灾事业发展奠定了坚实的基础。

首先，制定和完善相关的法律法规。实践证明，各国政府要想做好防灾减灾政府政策支撑管理工作，无不是从法律法规着手，因为法律法规可以明确防灾减灾政府政策支撑主体的法律地位，明确哪些主体可以参与防灾减灾政府政策支撑活动，赋予其相关权利和义务；通过相关的法律法规，厘定政府的责任。明确在什么样的情况下，政府政策应该参与防灾减灾支撑活动，明确规定只有达到一定的条件，政府政策才可以介入防灾减灾活动，否则只能够通过受灾农户自救和市场工具等解决；另外，通过法律的形式明确政府政策参与防灾减灾的程度，也就是在防灾减灾政府政策支撑体系中，政府应该承担责任的大小、多少都应该加以明确；此外，还要通过法律法规的形式明确政府财政补贴政策和税收政策，使政府财政补贴政策和税收政策更加公开、透明和公平。

其次，完善各级财政投入机制。重要的举措之一是将防灾减灾经费纳入各级财政预算。当前，有关的财政预算都是分散在环保和城乡公共事业方面的，为保证防灾减灾资金的合理分配，必须将其纳入相关项目。为了更好地管理防灾减灾经费，有必要在各个级别的财政预算中，对防灾减灾工作总体预算的变动幅度进行界定，并且基本上决定了各个子项目的比例。通过这样的措施，可以更好地了解防灾减灾经费的分配情况，确保资源的合理利用和优先分配。此外，还需调整防灾减灾财政预算的结构，将重点从灾后转向灾前。这意味着将更多的资源和资金用于预防灾害的工作，包括加强灾害预警系统、提升基础设施的抗灾能力等。通过这种调整，可以更有效地减少灾害的发生和对社会经济的影响，为经济社会的可持续发展提供更好的保障。

最后，优化投入结构及规范使用。尤其注重灾后的跟踪审计工作，明确对灾后重建项目进度和资金使用规范程度的监管，保障重大项目的顺利实施。灾害重点监视防御区的市、区级政府要完善经费保障机制，加大防灾减灾经费投入，加强资金使用管理与监督，对河南省防灾减灾经费投入的绩效进行评估，并构建相关的绩效管理制度，以提升其财政投入的质量，提升其公共服务水平。借鉴国外灾害防治预算绩效管理的成功经验，在此基础上，结合国家强化政府绩效管理的需要，提出相应的对策。加强救灾经费管理的职责，提高救灾经费的效能，就能保证救灾经费的合理配置与使用。在此基础上，通过对防灾减灾经费使用效果进行评价，在预算编制、实施和监督的整个过程中逐步形成一套以效益评价为手段，以成果运用为保证的管理机制。从而初步建立了中国政府在防灾减灾领域的财政支出绩效评价机制，进一步提升我国防灾减灾经费投入的质量，改善我国的公共服务。更加注重对预算支出的绩效评价，确保预算的使用能够产生预期的效果，并提供有效的公共服务。总之，积极开展防灾减灾预算支出的绩效评价，构建防灾减灾预算绩效管理体系，并不断完善河南省的防灾减灾财政体制机制，通过这些努力，改进防灾减灾预算管理，提高预算支出的质量和公共服务水平，为社会的安全和可持续发展做出贡献。

（3）充分利用防灾减灾传统金融市场

传统金融市场防灾减灾支撑体系包括保险、再保险和巨灾基金三个部分。

首先，要提高河南省灾害保险的密度与深度。保险是目前世界上最早应用于灾害风险分散的一种市场手段，也是目前发达国家进行灾难风险分散的主要方式。它可以为灾难风险提供充足的资本，收益成本相对较高，但其发挥的效果却受到立法体制、监督体系不完善，投保对象众多且变化大，市场周期长等诸多方面的制约。截至 2022 年，河南省的灾害保险密度为 2397.6 亿元，深度为 3.86%，在全国排名第 27 位和第 16 位。依据相关统计，发达国家的防灾减灾风险中保险覆盖率可达到 30% 左右，这样看来还有很大的提升空间。

其次，鼓励发展灾害再保险业务。灾害再保险作为一种重要的灾害风险分担机制，在应对灾害、保障国家和人民利益、平衡财政收支和建设韧性社会等方面具有十分重要的意义。再保险由于其自身具有的制度上的优点，使得它具有最大的风险分担能力，因而是最主要的风险承担方。我国共有 14 家再保险公司，中国再保险公司有 6 家，分别是中再寿险、中再产险、前海再、太平再、人保再、中国农再；外资险企有 8 家，分别为瑞再北分、慕再北分、汉诺威再上分、法再北分、德国通用再上分、RGA 美再上分、大韩再上分、信利再保险（中国）。目前中资公司都在河南省开展了再保险业务，8 家外资险企只有瑞再北分、慕再北分 2 家开展再保险业务，所以未来要积极引入外资再保险公司。另外，要扩大灾害再保险的业务范围和规模。目前河南省的灾害再保险覆盖范围有限，特别是巨灾再保险种类很少,2022 年河南省人民政府办公厅出台了《关于开展巨灾保险试点工作的指导意见》,以承保共保体来推广巨灾保险。

最后,要扩大灾害基金规模和数量。灾害风险基金是一个灾害风险分散工具,鼓励保险公司参与承保灾害保险、有效弥补灾害市场风险承担能力不足的问题是成立灾害风险基金的主要目的。如土耳其巨灾保险基金、美国国家洪水保险基金、新西兰巨灾风险基金和挪威巨灾风险基金都是国家成立的灾害基金,用其来分担灾害风险。从基金成立主体来看,灾害基金可以划分为政府灾害基金、商业灾害基金和多方合作基金(包括国际合作灾害基金)等类型,根据各国立法对其职能定位的不同,可以把其归纳为农业保险型基金、农业再保险型基金和补贴融资型辅助基金三类。未来河南省要在现有公益基金的基础上,积极发展各级、各类灾害专用基金,积极探索不同类型和职能的灾害基金。

(4)鼓励发展防灾减灾现代金融市场

防灾减灾现代金融市场支撑体系主要包括灾害债券、灾害期权、灾害期货、灾害互换、或有资本票据、灾害权益卖权、行业损失担保、"侧挂车"。保险业的巨灾承保风险暴露加大从 20 世纪 90 年代以来表现越加明显,这些风险暴露仅仅只用传统的方法进行转移和管理,难免会使保险业的保障能力与所承担的风险责任之间的差距越发加大。面对这种情况,金融学家提出依靠灾害金融衍生产品来向资本市场转移风险,保险业和资本市场的结合,可以有效地缓解我国保险业的承保能力短缺问题。灾难风险证券化是一种新兴的风险管理手段,它借助成熟的再保险和资本市场来分散灾难风险,近年来发展迅猛。灾害风险证券化始于 1992 年,但是直到 1997 年才真正开始实施,保险证券化市场得到了迅速的发展。1994 年以来,全球累计约有 50 家保险公司和投资银行的价值 126.17 亿美元的基于保险的证券在资本市场上进行交易,这些证券中涉及巨灾风险的近 2/3,2004 年美国加勒比海地区发生了 4 次飓风灾害,造成的损失约为 560 亿美元,而保险理赔就高达 270 亿美元。河南省一方面要依托经济主题,特别是金融主题,积极探索防灾减灾现代金融市场工具;另一方面要依托国际金融机构，拓展防灾减灾现代金融市场工具，充分利用现代金融市场工具，为河南省灾害风险分散提供有效支撑。

（5）探索防灾减灾经济支撑体系的最优组合

防灾减灾经济支撑体系有社会捐赠支撑体系、政府政策支撑体系、传统金融市场支撑体系和现代金融市场支撑体系等四大类。各类支撑体系在各国的使用情况存在很大的差异，总体来看，发展中国家主要使用社会捐赠支撑体系、政府政策支撑体系，发达国家在此基础上，以金融市场支撑体系为主，积极创新现代金融市场支撑体系。说明防灾减灾经济支撑体系与该国社会发展、经济条件等国情基本一致。

此外，无论是发达国家还是发展中国家，防灾减灾经济支撑体系往往不止一类，更多的情况是多种防灾减灾经济支撑体系组合使用，这就给我们提出了一个问题，什么样的支撑体系组合是最优的或者说效益是最大化的？这就需要我们进行最优拟合分析，研究和分析防灾减灾经济支撑体系的最优组合，寻求在一国资源既定的情况下，防灾减灾经济支撑体系效用最大化。

8.3.2 政府主导，加强防灾减灾社会支撑体系建设

防灾减灾社会支撑体系主要包括防灾减灾医疗事业、教育事业和科研攻关三个部分，大多属于公共事业，所以要采取政府主导的建设模式，形成以大中小医疗机构及社区工作人员志愿者串联的应急医疗救援网络，增强应急管理相关人才的培养和现有从业人员的专业素质，并使科技通过介入灾害预警系统、信息发布和技术研发为防灾减灾领域中监测、预警、救援等领域有效赋能，可显著提升河南省防灾减灾社会支撑能力（见图 8 - 3）。

（1）加快完善防灾减灾医疗事业

首先，优化防灾减灾医疗物资生产和储备。防灾减灾医疗物资主要包括药品、医疗器具、医疗急救设备和后勤设备及工具。目前河南省防灾减灾常规的药品、医疗器具总体还是比较充足的，医疗急救设备特别是移动的医疗急救设备缺口比较大，后勤设备及工具配备也不是很全。河南省未

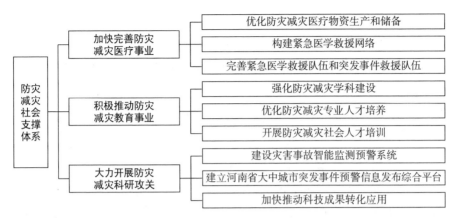

图 8-3 防灾减灾社会支撑体系建设

来要加强防灾减灾医疗物资的生产，保障本土供给。另外，在补充和完善防灾减灾医疗物资的同时，要优化防灾减灾医疗物资结构，特别是地区防灾减灾医疗物资的区域布局。

其次，构建紧急医学救援网络。目前河南省已经初步形成了紧急医疗救援网络，但还存在以下问题：一是紧急医疗救援基地的数量不够，还缺少一些特殊的紧急医疗救援基地，比如核辐射、重大传染病紧急医疗救援基地。二是紧急医疗救援基地区域分布不均，难以有效覆盖全区域。河南省在今后的发展规划中，将建成一个以国家级基地（中心）为龙头、以市为依托、以区市为基本、以社区为节点、以各级医疗救助队伍为骨干的应急医疗救助网络。同时，加快建设城市应急医学救援基地、应急医学演习训练基地、重大传染病防控基地、中毒防控研究基地和核辐射医学治疗基地。

最后，完善紧急医学救援队伍和突发事件救援队伍。有效加强对社区医院及乡镇医院相关应急救援能力的培训，增加相关急救药品及医疗器械物资的应急储备，有效团结民间力量，发挥国企及城市内其他大中型企业力量，组建以企业为代表的专业应急救援队伍，协调退休相关领域专家组建社区应急医疗志愿者小队，定期组织培训演练，形成"大中小型医院—社区医院—民间力量"的应急救援医疗网络。

(2) 积极推动防灾减灾教育事业

首先,强化防灾减灾学科建设。高校普遍设立的防灾减灾工程及防护工程学科是与应急管理密切相关的学科,对涉灾领域相关专业学生的培养起着重要作用。近年来,这个学科在众多高校广泛开设,并覆盖了各个领域。经过多年的发展,该学科已形成一支雄厚的教师队伍,并取得了一定的研究成果。防灾减灾工程与防护工程主要研究自然灾害(如地震、大风、海啸、滑坡等)和人为灾害(如火灾、爆炸等),覆盖范围较广。这就使得本专业在人才培养上更符合国家发展战略、市场经济需要,为我国应急管理人才培养提供了充足的条件。通过培养防灾减灾工程及防护工程学科的学生,高校能够为国家培养出更多应对灾害的专业人才。这些人才将具备丰富的知识和技能,能够在灾害发生时有效地进行防灾减灾工作,保护人民的生命财产安全。这也为国家的发展和应急管理提供了重要的支持和保障。

其次,优化防灾减灾专业人才培养。目前河南省内郑州大学、河南理工大学及华北水利水电大学均开设了相关专业,河南省可加强对相关院校学科发展的支持,并借鉴河南理工大学开设安全与科学工程学院经验,在高校内设立专科学院。此外,对于有能力开设相关专业的省内高校,可组织应急管理厅、教育厅专家进行考察指导,协助其增设相关专业的报批。有序扩大应急管理本科、研究生教育的同时,大力发展应急管理高职高专教育,加强应急管理应用型人才培养。此外,河南省可由政府牵头对接省外相关专业重点实验室,建立应急管理博士后联合培养机制,重点建设研究型人才培养基地。

最后,开展防灾减灾社会人才培训。可开设相关资格的培训,定期邀请专家到相关对口单位举办专题讲座,实现对专业人才高等院校培养以及对现有管理人员培训和技能再提升的双重高效协同发展。加强应急管理干部队伍建设,打造新时代忠诚干净担当的专业化应急管理干部队伍。依托各级党校(行政学院),加大干部应急管理能力培训力度。大力实施政府应急管理人员全员轮训计划,分批次安排人员到国内外学习城市安全及应急管理先进经验，提升专业化水平。提高应急管理干部专业人才比例，加强应急管理专家库建设。

（3）大力开展防灾减灾科研攻关

首先，建设灾害事故智能监测预警系统。建设完善灾害监测预警网络，其涵盖气象、地震、森林火灾、海洋等各类灾害以及水库大坝、交通枢纽、桥梁隧道等重要基础设施，建设一个覆盖全域、全天候可用、多维度融合的精细化立体气象灾害综合监测网，建立适合大中城市的灾害监测预警系统；建立基于城市全要素、全灾种监测预警指标体系，汇聚融合各区域和重点行业领域监测预警资源，及时发布城市安全风险预警信息，完善风险监测预警和跟踪处理闭环机制；建立历史事故诱因深度挖掘分析方法，颗粒化研究分析历史上和国内外近期发生的典型灾害事故，超前预警、有效管控类似灾害事故。

其次，建立河南省大中城市突发事件预警信息发布综合平台。提升分区预警信息精细化发布能力，打通通道，将灾害预警提示功能嵌入支付宝、墨迹天气、高德导航等群众日常使用的 APP，有效利用短信、电视、电台、网站、腾讯 QQ、微博、微信、公共区域（如商场、地铁、公交电子显示屏、户外广告牌）等渠道发布灾害预警信息，确保预警信息全覆盖能尽快传达至市民。

最后，加快推动科技成果转化应用。全面推动卫星遥感、人工智能、区块链、5G 等先进技术在城市监测预警、应急救援等领域的深度应用，大力开展水下救援、超高层建筑灭火救援、光纤传感等各类先进搜救应急装备技术研发。制订安全应急产业引导扶持计划，重点依托国资国企优质资源、具有安全应急产业发展基础的工业园区，研发先进安全应急产品装备，打造安全科技成果孵化和集聚中心。不断提升应急安全科技展举办水平，形成品牌效应，打造具有全国影响力的安全应急产品展示交易综合平台。

8.3.3 规改并举，加强防灾减灾基础设施支撑体系建设

城市中的保障性资源和基础设施直接影响了城市在多大程度上可以承受和应对自然或人为灾害，郑州"7·20"特大暴雨灾害的重大损失也暴露出河南省大中城市防灾减灾基础设施支撑能力亟须进一步加强。防灾减灾基础设施支撑体系建设，要遵循规划先行、改造并举的基本原则（见图 8-4）。

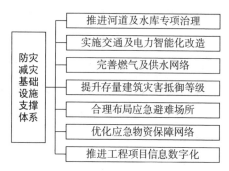

图 8-4 防灾减灾基础设施支撑体系建设

（1）优化城市国土空间韧性建设规划

以韧性城市建设为目标，设计城市国土空间韧性规划建设的目标和总体思路，构建城市国土空间韧性规划建设的整体框架，从技术方法层面、空间治理层面和工作体系层面规划城市国土空间韧性规划建设。面向城市国土空间韧性规划建设，要做好以下三个方面的优化工作：一是完善相关的法律制度。制定自然资源基本法，建立统一的自然资源法制度；加快城市国土空间规划主干法立法，完善城市国土空间规划法律体系；健全法律体系，构建"单从双线"的城市国土空间灾害防治模式。二是完善政策制度。强化城市土地空间自然灾害的综合治理；做好顶层设计，构筑新时代城市土地综合防灾规划的理念逻辑；以刚—柔—韧—韧性协调的方式来处理城市的灾害安全问题，制定出一套城市国土空间综合减灾规划；纳入灾害情景设定，重视灾害风险评估基础。三是完善科技标准系统。建立统一的标准体系，促进自然资源高质量发展；衔接灾害治理，构建国土空间综合防灾系统。

（2）实施"四通一保"工程

首先，实施交通及电力智能化改造。推进交通、电力等关键领域基础设施的智能化升级，为防灾减灾工作的智慧化运作提供有力支撑。完善铁路、轨道交通、民航等各类应急运力储备机制，支持骨干物流企业参与应急供应链平台建设。强化智慧交通基础设施，实施交通运输数字化转型，为河南省大中城市灾后重建救援工作的展开及应急物资的调配提供交通统筹层面的便利；加快重点区域、重要输电通道、高压电缆隧道等智慧线路建设，构建变电站和换流站智能运检、输电线路智能巡检、配电智能运维体系，有效实现灾后重建过程中电力资源的快速恢复。

其次，完善燃气及供水网络。加强燃气、供水等城市生命线工程建设，提升城市防洪（潮）排涝系统灾害设防标准，增设城市抵御台风短时间高强度增水辅助设施。完善大中城市群人口密集地带耐震水槽建设，确保和供水管网连接水源流动，如遇地震等重大险情带来的次生灾情如火灾，可及时提供以百吨为单位的消防用水不中断。增设生命线工程保障能力冗余单元，完善双水源、双气源建设，优化蓄、调、输、配供水系统，提升城市安全韧性水平。加强水库、管渠等供水及调蓄系统建设，保障抢险用水及生活用水，降低旱灾等缺水场景风险，完善巨灾情景下城市生命线工程应急抢险与救援、恢复与重建的应急准备，强化应急联动，增强超大城市应对极端强降雨、超强台风、超强风暴潮等巨灾能力。

最后，优化应急物资保障网络。加强对应急物资仓库的建设，在选址上考虑到地势、人口密度、交通网络便捷性等要素，确保在智能协作下可在六个小时内完成对市域内受灾人口的首轮补给；遵循集中管理、统一调配、平时服务、灾害应急、采储结合、高效节约的原则，有计划地对辖区内应急物资仓库进行定期物资盘点，常用物资可对接大型商超类商业仓库库存，专人负责抽样检查，避免虫蛀鼠咬、自然老化等需要时无法使用的状况发生。

（3）推进河道及水库专项治理

设立专项工程对河南省区域内人工河道、干涸及水位线较低的河道进行摸排，定期清淤维护，加固河坝堤岸，将地下排水管网工程及河道打通连接形成排涝网络，增强对地下水位的监测，有效实现由于近年来台风水汽堆积引发的突发性大暴雨导致的紧急排水应对工作；持续推进病险水库、老旧水库和水闸除险加固工程，利用5G等先进技术加强水库等重要水工程汛限水位及结构安全监控，加强城郊大型蓄水库、蓄水池等供水及调蓄系统建设，降低大面积旱灾损失风险。

（4）提升存量建筑灾害抵御等级

在要求新建或改扩建的建筑达到抗御地震7级烈度设防的同时，鼓励采用先进建造技术，对学校、医院等重要公共建筑物开展排查和抗震性能鉴定，对于改造能力相对有限的单位进行必要补贴及贷款支持，最大限度地增强防御等级。全面加强建设工程抗灾设防管理，对抗灾性能不足的建筑物及桥梁设施进行鉴定和加固，以更好地应对地震、山洪、泥石流及暴雨等极端灾害的冲击。

（5）合理布局应急避难场所

应急避难场所是灾害发生后应急状态下，紧急疏散安置群众、降低灾害损失和风险的安全场所，是一座现代化城市的重要基础设施。大力推进应急避难场所的建设，确保街道辖区全覆盖，让这些场所成为老百姓身边实实在在、触手可及的"生命庇护站"。对仓库周边大片闲置空地、露天场馆及体育馆进行统筹，推进帐篷化、方舱化现场卫生应急处置中心建设，必要时可用来安置群众，确保每一至两个街道至少有一个疏散点。

（6）推进工程项目信息数字化

依托《河南省重大新型基础设施建设提速行动方案（2023—2025年）》布局及要求，重点加强通信网络基础设施、算力基础设施建设，深化数网融合、算网融合和云边协同发展。加强通信网络基建，展开5G、千兆光网、新型互联网交换中心、卫星互联网、量子通信网等技术的建设，构建空天地一体化的新型网络体系；加强计算能力建设，大力发展智算中心、超算中心和新型数据中心等项目，促进中部区域计算能力的提高，形成中部地区的算力高地。此举可有效帮助实现防灾减灾过程中的数据观测、传输流程及模型搭建运算，发挥超算在灾害预警测算中的作用，实现对群众广范围多渠道的防灾减灾重要通知及时送达以及便捷灾后的方案相关数据时间节点测算处理和网络通信工作的实施。

8.3.4　协同共生，筑牢防灾减灾生态支撑体系建设

杜绝形象工程及面子工程，制定自然规律生态修复规划，灾前强化"海绵城市"建设，重视灾后突出生态修复重要战略地位，推动 NbS（基于自然的解决方案）在防灾减灾中的应用，强化防灾减灾生态支撑能力建设（见图 8 – 5）。

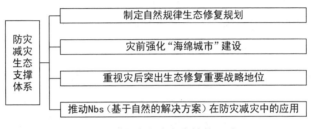

图 8 – 5　防灾减灾生态支撑体系建设

（1）制定自然规律生态修复规划

组织专业人员对省内现有大中城市灾后生态破坏进行详细的调查编目，为灾后生态修复提供了系统的基础性资料。在灾难发生之后，需要组建一支专门的队伍，对灾难后的生态恢复进行详细的规划，提出灾害损失评估、灾后重建规模、重建模式、重建顺序、重建目标、重建资金支持等内容；同时，还要经过专家们的多次讨论与修正，以保证生态恢复计划在大中型城市的灾后恢复中，成为一项重要的基础规划。

（2）灾前强化"海绵城市"建设

作为城市发展理念和建设方式转型的重要标志，我国海绵城市建设"时间表"已经明确且"只能往前，不可能往后"，河南省内大中城市应遵循"海绵城市"建设要求，减少美观项目，重视防灾减灾中的实际运用，绿化区域及园林项目应发挥蓄水和排水两方面功能价值，考虑对城市可能会出现的极端天气的应对。项目先行，关注绿地、水系、渗透等指标，以

良好弹性适应环境变化及应对"大雨更大"暴雨等极端自然灾害对城市带来的影响。增加河南省大中城市及周边绿地、森林覆盖面积，对于条件允许的地区在不侵害农民利益的情况下实现一定程度上的"退耕还林"，优化生态环境，有效提升大自然在抗灾减灾过程中的被动能力；对土壤疏水性及板结情况定期采样观察，对地下河水位实现实时观测、报告相关部门，确保面对高强度短时间降水情况时，可有效利用地下河进行一定范围内的疏水排水工作。

强化资金支持，结合河南省实际情况，制定海绵城市十年建设目标规划，分梯队达到海绵城市覆盖要求。对于河南省特大城市郑州，十年内完成城市建成区 80% 以上达到海绵城市建设要求；对于河南省 II 型大城市洛阳、开封、新乡市，十年内完成城市建成区 60% 以上达到海绵城市建设要求；对于河南省其他中等体量城市，十年内完成城市建成区 40% 以上达到海绵城市建设要求。

（3）重视灾后突出生态修复重要战略地位

在灾后恢复建设中，突出了"生态先行"的思想，并对恢复和重建工作给予了极大的关注。生态修复是促进区域经济和社会可持续发展的根本任务，既要对其进行修复，又要对其结构进行优化，以求达到其最优状态。

（4）推动 NbS（基于自然的解决方案）在防灾减灾中的应用

面对日益频发的自然灾害挑战，伴随城市规模的拓展和城镇人口比例的提升，传统防灾减灾方案难以应对，防灾减灾生态能力建设工作中亟须考虑采用新的方案，以提升效率及效益。基于自然的解决方案（Nature-based Solutions，NbS）是一种由自然启发和支持，主动进行可持续管理、保护和恢复生态系统的方案，已在防灾减灾领域展现出广阔的应用潜力。其中，NbS 可在灾前、灾中、灾后工作中通过风险评估、风险管理、灾害预测、实时监测、制定生态修复政策等方式为城市生态防灾减灾能力建设提供有效思路。

8.3.5 智能智慧，防灾减灾管理支撑体系建设

大中城市防灾减灾工作中政府仍为主导力量，引入智能化系统，重视灾害面前各层级政府的预防预控能力、应急处置能力及恢复重建能力的提升，可显著增强大中城市管理防灾减灾能力（见图 8 – 6）。

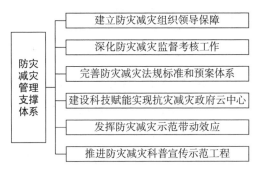

图 8 – 6 防灾减灾管理支撑体系建设

（1） 建立防灾减灾组织领导保障

要加强党对灾害防治工作的统一领导，健全大中城市安全理事会的运作机制，用大概率的思想来应对小概率事件，让统筹引导、综合协调的作用得到更好的发挥；将灾害风险防治纳入各级经济社会发展总体规划，强化规划组织实施，完善目标导向管理机制，明确规划约束性指标、工作责任和实施进度，充分发挥相关部门和行业单位的积极性、创造性，强化重点任务、重点项目落实，确保规划目标如期实现。

（2） 完善防灾减灾法规标准和预案体系

充分履行防灾减灾法定职责，科学地制订应急计划，及时修改、改进应急计划，制订与之相匹配的专项计划、部门计划和现场处理计划，以及为保障城市生命线和重要活动而制订的紧急计划。同时，加快推进韧性城市空间的专项规划，确保城市韧性成为各领域各行业必须遵循的刚性要求。强化城市综合应急能力评估，开展城市级联耦合巨灾"情景—应对"研究，建立巨灾情景库，完善应对预案和处置方案。在重要的地下工程和内涝区应制定"一点一预案"。充分发挥科学技术的作用，构建数字化的应急预案智能化应用平台，促进应急预案编制的数字化和应用的智能化，

从而达到科学的指挥决策。各级政府要定期向本级人大汇报防灾减灾法律法规贯彻落实情况，相关工作主管部门要会同有关部门对防灾减灾领域行政规范性文件落实情况进行监督检查，不断提升防震减灾依法治理水平。

（3）建设智能智慧防灾减灾云管理平台

现代城市防灾减灾的复杂性和艰巨性，决定了传统的人工管理手段和方式已经远远不能够适应现代城市防洪减灾的要求。要充分利用大数据、云计算、物联网、RS、GIS、GPS 和人工智能等现代技术手段，实现城市防灾减灾管理的智能化、智慧化、快速化、精准化和科学化。以智能智慧防灾减灾云管理平台建设为抓手，通过打造城市防灾减灾智慧基础大数据系统、城市防灾减灾智慧监测系统、城市防灾减灾智能预警及响应系统、城市防灾减灾智慧应急指挥系统和城市防灾减灾智慧灾后重建系统"五位一体"云管理平台，统筹推进城市防灾减灾能力建设。

（4）发挥防灾减灾示范带动效应

国家致力于开展国家安全发展示范城市、城市综合减灾示范社区等建设，为此先后出台了《国家安全发展示范城市评价细则（2019 版)》《国家安全发展示范城市评分标准（2019 版)》《全国综合减灾示范社区标准》等文件和标准。河南省应以国家安全发展示范城市和城市综合减灾示范社区等创建工作为抓手，推动全面提高城市安全保障水平，从试点到铺开，逐步完成省域内大中城市社区安全示范城市的建设。大力创建国家综合减灾示范城市和全国综合减灾示范社区，不断提升覆盖面。开展河南省大中城市社区防灾减灾救灾能力现状调查，探索构建综合减灾社区"河南标准"，力争五年内实现市级综合减灾社区建设全覆盖。将防灾减灾救灾工作纳入社区民生微实事工程重要内容，全面开展社区防灾减灾救灾能力建设，打通防灾减灾救灾"最后一公里"。

（5）推进防灾减灾科普宣传示范工程

把应急管理工作融入城市精神文明建设中，形成有河南特色的平安文化。将工会、义工联、社会服务中心等各种平台与载体有机结合，形成安全宣传联盟，增强宣传教育的影响力、引导能力。同时，深入推进安全应急宣传工作,使其覆盖企业、农村、社区、学校和家庭等各个领域,开展"5·12全国防灾减灾日"和安全大讲堂等公共安全主题教育活动。

建设防灾减灾科普阵地。在灾害高烈度地区及重点监视防御区城市,利用城市绿地、公园、广场建设防灾减灾文化主题公园;创建多所防灾减灾科普示范标准化学校,配备VR灾害避险演练、灾害体验平台等设施设备,提升中小学生防灾减灾科学素养。深化"互联网+防震减灾科普",使得群众可以读懂各类预警信息,并了解当地应急避难场所及常规救助渠道,做到"遇险不慌"。

创作防灾减灾科普精品。集中创作一批人民群众喜闻乐见的科普作品,形成科普图书、音(视)频、交互性产品等,满足不同人群对防灾减灾科普产品的需求。

(6)深化防灾减灾监督考核工作

完善自然灾害防治的权责清单,建立更加科学有效的激励机制和容错纠错机制。建立自然灾害调查评估制度,明确调查评估范围、工作程序和内容,分析灾害发生的规律特点,提出防治措施和工作建议。通过对典型的突发事件的回顾评价与总结,在处理过程中获得更多的经验,对处理中的成败得失进行反思,进而有目标地加以改善,以此来提高对类似突发事件的处理能力。健全调查评估专业队伍和技术支撑体系,引进专业机构、权威机构参与灾害事故的技术调查分析,提高调查评估工作的科学性、整改措施建议的针对性。完善灾害事故整改措施落实评估机制。建立健全规划评估机制,明确规划实施责任主体,加强过程管理,跟踪规划实施进展,分阶段开展规划实施评估,及时发现和解决存在的问题,强化评估结果应用,提高规划实施成效。

9 研究结论与展望

9.1 研究结论

本书以河南省防灾减灾支撑体系为研究对象，从经济、社会、基础设施、生态和管理五个方面构建了河南省大中城市防灾减灾支撑体系，为提高河南省大中城市的综合风险防范能力，最大限度保障人民群众的生命财产安全提供参考依据。本书的结论主要有以下几点：

（1）河南省是自然灾害频发省份，主要灾害类型包括旱灾、洪涝灾害、地震、地质灾害、森林灾害，其中尤以旱灾和洪涝灾害危害最大。

（2）2021年河南省防灾减灾能力整体水平呈现出西北部地区防灾减灾能力水平优于东南地区的特征。防灾减灾能力等级为强的城市仅郑州市，等级为中上的城市有9个，等级为中等的城市有6个，等级为差的城市是周口市和商丘市。防灾减灾能力指数与灾害脆弱性指数呈负相关，与准备程度指数呈正相关。郑州市准备程度指数最高，脆弱性指数较低；商丘市脆弱性指数最高而准备程度指数较低。从脆弱性指数影响因子看，所有城市均表现出暴露度＞适应能力＞敏感性；东部地区脆弱性普遍高于西部地区。从准备程度指数影响因子看，社会文化对准备程度指数的影响最大，但经济水平、管理制度对准备程度指数的影响也不容忽视。

（3）河南省整体的防灾减灾支撑能力指数偏低，防灾减灾支撑能力有待提高，但从时间上来看，河南省整体综合防灾减灾支撑能力呈现波动上升的趋势。区域层面，豫西的防灾减灾支撑能力水平最高，其次是豫中、豫北、豫南地区，最差的是豫东地区。城市层面，郑州市、洛阳市、鹤壁市、焦作市、济源市防灾减灾支撑能力指数相对较高，商丘市、信阳市、周口市防灾减灾支撑能力指数相对较低。

（4）经济、社会、基础设施、生态和管理五类防灾减灾支撑能力在全省、区域和城市三个层面建设的情况各不相同。全省层面，河南省在防灾减灾管理和社会支撑能力方面建设较好，防灾减灾生态和基础设施支撑能力方面建设较为薄弱，防灾减灾经济支撑能力则位于五类防灾减灾支撑能力的中间位置。区域层面，防灾减灾经济支撑能力建设较好的是豫西地区，防灾减灾社会支撑能力建设最好的是豫中地区，防灾减灾基础设施支撑能力建设较好的是豫西和豫中地区，防灾减灾生态支撑能力建设较好的是豫中和豫南地区，防灾减灾管理支撑能力建设较好的是豫西地区。城市层面，防灾减灾经济支撑能力得分属于高等级的城市仅有郑州市，属于较低等级的城市有商丘市、周口市、驻马店市和信阳市；防灾减灾社会支撑能力得分属于高等级的城市仅有郑州市，属于较低等级的城市有商丘市、周口市、驻马店市、信阳市和南阳市；防灾减灾基础设施支撑能力得分属于高等级的城市有郑州市和鹤壁市，属于较低等级的城市有商丘市、周口市、开封市、信阳市和南阳市；防灾减灾生态支撑能力得分属于高等级的城市仅有郑州市，属于较低等级的城市有鹤壁市、新乡市、济源市和三门峡市；防灾减灾管理支撑能力得分属于高等级的城市仅有洛阳市，属于较低等级的城市有商丘市、周口市、漯河市和信阳市。

（5）提升河南省大中城市的防灾减灾支撑能力重点在于构建大中城市的防灾减灾支撑体系，加强大中城市防灾减灾支撑体系建设。防灾减灾经济支撑体系方面，要规范发展防灾减灾社会捐赠支撑体系，积极完善防灾减灾政府政策支撑体系，充分利用防灾减灾传统金融市场支撑体系，鼓励发展防灾减灾现代金融市场支撑体系和探索防灾减灾经济支撑体系的最优组合。防灾减灾社会支撑体系方面，要加快完善防灾减灾医疗事业，积极推动防灾减灾教育事业和大力开展防灾减灾科研攻关。防灾减灾基础设施支撑体系方面，推进河道及水库专项治理，实施交通及电力智能化改造，完善燃气及供水网络，提升存量建筑灾害抵御等级，合理布局应急避难场所，优化应急物资保障网络，推进工程项目信息数字化。防灾减灾生态支撑体系方面，制定自然规律生态修复规划，灾前强化"海绵城市"建设，重视灾后突出生态修复重要战略地位，推动 NbS（基于自然的解决方案）在防灾减灾中的应用。防灾减灾管理支撑体系方面，建立防灾减灾组织领导保障，深化防灾减灾监督考核工作，完善防灾减灾法规标准和预案体系，建设科技赋能实现防灾减灾政府云中心，发挥防灾减灾示范带动效应，建设防灾减灾科普宣传示范工程。

9.2 研究展望

本书构建了一套符合河南省灾害类型和特点的防灾减灾支撑能力指数评价体系，综合提高河南省的防灾减灾支撑能力建设，为河南省防灾减灾相关部门制定提高防灾减灾支撑能力的措施提供一定的参考依据。但随着研究的深入，发现在防火减灾支撑体系构建方面仍存在一定的局限性，在今后的研究中还有待完善。

（1）本书在构建河南省大中城市防灾减灾支撑体系时存在指标选取不够全面的问题，受指标数据不完整和难以获取的制约，存在部分定性指标难以量化，如防灾减灾基础设施支撑体系方面的排水管道长度指标，难以获取到河南省各个城市的具体数据，在后续的分析中只能剔除。针对以上问题，在以后的研究中会继续对指标体系进行优化和修正，使得河南省大中城市防灾减灾支撑体系更为完善、科学。

（2）相关专业知识欠缺。受专业知识有限的制约，本书更倾向于社会科学而缺少建筑学、环境科学等的思想。对于河南省大中城市防灾减灾支撑体系建设的研究涉及多学科的知识，由于知识面有限也致使本书存在一定的不足之处，在今后的研究中会注重多学科知识的学习，扩充知识面，为提高河南省防灾减灾支撑能力建设提供更为科学精准的决策。

（3）河南省大中城市防灾减灾支撑能力指数评价分析结果的可视化程

度受限。河南省大中城市防灾减灾支撑体系的构建是针对河南省大中城市防灾减灾支撑能力的不足进行建设的，要根据前一阶段的防灾减灾支撑能力现状，有针对性地进行下一阶段防灾减灾支撑体系建设。因此需要根据防灾减灾支撑体系指数的变化来评价河南省各个城市的防灾减灾支撑能力发展趋势和演变过程，但是由于图表在文中无法动态展示，因而只能展示河南省大中城市防灾减灾支撑能力的分析结果，针对这一问题，在后续的深入研究中会考虑通过网页进行动态展示。

参考文献

［1］安徽省统计局．合肥市 2022 年国民经济和社会发展统计公报［EB/OL］．（2023 - 03 - 31）［2024 - 03 - 28］．http://tjj. ah. gov. cn/public/6981/148067361. html.

［2］曹风雷．1936 ~ 1937 年河南旱灾述评［J］．防灾科技学院学报，2007（2）:13 - 16,69.

［3］陈慧．跨域灾害应急联动机制:现状、问题与思路［J］．行政管理改革，2014(8):63 - 66.

［4］陈雷．在新中国治淮 60 周年纪念大会上的讲话［EB/OL］．（2010 - 10 - 23）［2024 - 03 - 28］．https://www. gov. cn/gzdt/2010 - 10/23/content_1729047. htm.

［5］陈韶清,夏安桃．快速城镇化区域城市韧性时空演变及障碍因子诊断——以长江中游城市群为例［J］．现代城市研究，2020(1):37 - 44,103.

［6］陈晓红,娄金男,王颖．哈长城市群城市韧性的时空格局演变及动态模拟研究［J］．地理科学，2020,40(12):2000 - 2009.

［7］陈玉梅,李康晨．国外公共管理视角下韧性城市研究进展与实践探析［J］．中国行政管理，2017(1):137 - 143.

［8］崔铭．河南省 1942 ~ 1943 年旱、风、蝗灾害略考［J］．灾害学，1994(1):74 - 77.

［9］崔鹏,张国涛,王姣．中国防灾减灾 10 年回顾与展望［J］．科技导报，2023,41(1):7 - 13.

[10]崔鹏,郭晓军,姜天海,等."亚洲水塔"变化的灾害效应与减灾对策[J].中国科学院院刊,2019,34(11):1313-1321.

[11]邓国取,李丽,邓楚实.基于 ND-GAIN 的河南省抗灾能力评价研究[J].安全与环境工程,2020,27(3):90-96,162.

[12]邓位,于一平.英国弹性城市:实现防洪长期战略规划[J].风景园林,2016(1):39-44.

[13]方湖生.开封市旱涝灾害浅析[J].地域研究与开发,1992(4):50-53.

[14]高禄,那仁满都拉,郭恩亮,等.基于绿色与安全理念的城市韧性评价研究——以呼和浩特市街道为例[J].灾害学,2024,39(1):216-221.

[15]公伟增,段宝福,张雪伟,等.隧道爆破地震波作用下砌体建筑物振动响应分析[J].科学技术与工程,2019,19(11):377-383.

[16]龚雪鹏,郭江,胡伟,等.毕节市气象灾害监测预警系统的设计与实现[J].气象水文海洋仪器,2021,38(3):76-78.

[17]国务院办公厅.国务院办公厅关于印发国家综合防灾减灾规划(2016—2020年)的通知[EB/OL].(2017-01-13)[2024-03-28].https://www.gov.cn/gongbao/content/2017/content_5165781.htm?eqid=8e52adec000131b80000000664896dee.

[18]国务院.国务院关于印发"十四五"国家应急体系规划的通知[EB/OL].(2022-02-14)[2024-03-28].https://www.gov.cn/zhengce/content/2022-02/14/content_5673424.htm.

[19]国务院办公厅.我国海洋灾害的基本特点和规律[EB/OL].(2006-08-05)[2024-03-28].https://www.gov.cn/ztzl/content_355095.htm.

[20]合肥市人民政府.面积人口[EB/OL].(2023-03-21)[2024-03-28].https://www.hefei.gov.cn/mlhf-x/mjrk/index.html.

[21]何敏.基于多灾种重大灾害风险视角的城市韧性评估研究[D].上海:华东师范大学,2021.

[22]河南省地震局.洛阳市"十四五"防震减灾规划[EB/OL].

(2023 - 03 - 30)[2024 - 03 - 28]. https://www. hendzj. gov. cn/sitesources/hnsdzj/page_pc/zwgk/ghjh/article24967146c5574a3bbb2c2eff2a5c2d1e. html.

[23]河南省水利厅. 河南"75·8"特大洪水灾害[J]. 河南水利与南水北调,2013(11):35 - 39.

[24]贺山峰,梁爽,吴绍洪,等. 长三角地区城市洪涝灾害韧性时空演变及其关联性分析[J]. 长江流域资源与环境,2022,31(9):1988 - 1999.

[25]扈海波,孟春雷,程丛兰,等. 基于城市水文模型模拟的暴雨积涝灾害风险预警研究[J]. 气象,2021,47(12):1484 - 1500.

[26]黄富民,陈鼎超. 城市如何"韧性"而为[J]. 北京规划建设, 2018(3): 6 - 10.

[27]黄明华,寇聪慧,屈雯. 寻求"刚性"与"弹性"的结合——对城市增长边界的思考[J]. 规划师, 2012,28(3): 12 - 15,34.

[28]黄晓军,黄馨. 弹性城市及其规划框架初探[J]. 城市规划,2015(2): 50 - 56.

[29]黄勇超,罗兴华,杜岩. 日本神户市防灾减灾对策及其启示[J]. 城市与减灾,2020(3):60 - 64.

[30]嵇娟,陈军飞,周子月. 江苏省城市洪涝韧性评价及影响因素研究[J]. 水利经济,2022,40(4):48 - 54 +93.

[31]贾春阳. 面向防灾减灾的城市灾害韧性及其评估研究[D]. 大连:大连理工大学,2019.

[32]姜珊珊,杨杰,刘茂,等. 基于风险分析的城市防灾减灾规划编制——以地震规划为例[J]. 中国安全科学学报, 2012,22(11): 163 - 169.

[33]蒋积伟. 新中国救灾方针演变考析[J]. 当代中国史研究,2014,21(2):44 - 52.

[34]焦柳丹,邓佳丽,吴雅,等. 基于 PSR + 云模型的城市韧性水平评价研究[J]. 生态经济,2022,38(5):114 - 120.

[35]荆海峰,尚俊玲,孙登可. 经纬山河九十载 扬帆奋楫再启航——黄河勘测规划设计研究院有限公司测绘信息工程院成立九十周年纪实[EB/

OL］.（2023 － 11 － 30）［2024 － 03 － 28］. http：//www. yrcc. gov. cn/xwzx/jstx/
202311/t20231130_256475. html.

［36］景天奕,黄春晓. 西方弹性城市指标体系的研究及对我国的启示
［J］. 现代城市研究,2016(4):53 － 59.

［37］救援协调和预案管理局. 国家华北区域应急救援中心正式开工
6 个国家区域中心项目全面进入工程建设阶段［EB/OL］.（2023 － 5 － 19）
［2024 － 03 － 28］. https：//www. mem. gov. cn/xw/bndt/202305/t20230519 _
451344. shtml.

［38］李刚,徐波. 中国城市韧性水平的测度及提升路径［J］. 山东科技
大学学报(社会科学版), 2018,20(2): 83 － 89,116.

［39］李丽. 我国地震防灾减灾能力指数研究［D］. 洛阳:河南科技大
学,2021.

［40］李明华,徐婷,王书欣. "31631"递进式气象服务在深圳 2022 年 5
月暴雨过程的应用［J］. 广东气象,2023,45(2):53 － 57.

［41］李明穗,王卓然,武乐,等. 我国突发公共卫生事件科技应急支撑
体系建设［J］. 中国工程科学,2021,23(6):139 － 146.

［42］李彤玥. 韧性城市研究新进展［J］. 国际城市规划,2017,32(5):
15 － 25.

［43］李鑫,车生泉. 城市韧性研究回顾与未来展望［J］. 南方建筑,
2017(3): 7 － 12.

［44］李亚,翟国方. 我国城市灾害韧性评估及其提升策略研究［J］. 规
划师, 2017,33(8):5 － 11.

［45］李一行,邢爱芬. 总体国家安全观视域下自然灾害综合防治立法
研究［J］. 北方法学,2021,15(5):141 － 147.

［46］李永祥. 论防灾减灾的概念、理论化和应用展望［J］. 思想战线,
2015(7): 16 － 22.

［47］廖昕,孙崇祥. 机器视觉技术在地质灾害监测预警中的应用［J］.
电子技术与软件工程, 2021(9): 155 － 156.

[48]廖艳. 论我国灾害治理共同体建设的法治保障[J]. 湖南大学学报（社会科学版）,2023,37(4):137-145.

[49]林陈贞,郑艳,孙劭. 气候变化背景下城市韧性测度——以长三角城市应对雨洪风险为例[J]. 上海城市规划,2023(1):18-24.

[50]林富瑞. 对河南省减灾、防灾工作的几点建议[J]. 河南科技,1991(5):12.

[51]刘宝印,黄宝荣. 建立跨区域联动应急机制,减少突发事件损失[N]. 科技日报,2021-09-13(008).

[52]刘传正. 我国地质灾害的分布特点[J]. 中国减灾,2022(14):34-37.

[53]刘辉,程振超,王丹. 城市消防韧性评价指标体系研究[J]. 灾害学,2023,38(2):25-30.

[54]刘江艳. 基于弹性城市理念的武汉市土地利用结构优化研究[D]. 武汉:华中科技大学,2014.

[55]刘铭. 防灾视角下城市韧性评价研究[D]. 唐山:华北理工大学,2022.

[56]洛阳市人民政府. 今年,洛阳力争创建1到2个全国综合减灾示范社区[EB/OL]. (2023-02-19)[2024-03-28]. https://www.henan.gov.cn/2023/02-19/2691673.html.

[57]洛阳市应急管理局. 加快豫西应急物资储备中心建设增强应急物资保障能力[EB/OL]. (2022-04-22)[2024-03-28]. http://yjglj.ly.gov.cn/newsshow.php?cid=151&id=14967.

[58]吕国强,刘金良. 河南蝗虫灾害史[M]. 郑州:河南科学技术出版社,2014:77-90.

[59]马雪芹. 明清河南自然灾害研究[J]. 中国历史地理论丛,1998(1):23-36,251-252.

[60]民政部. 中国社会救助制度的变迁与评估[EB/OL]. (2005-12-31)[2024-03-28]. https://www.gov.cn/ztzl/2005-12/31/conten t_143826.htm.

［61］缪惠全,王乃玉,汪英俊,等．基于灾后恢复过程解析的城市韧性评价体系［J］．自然灾害学报,2021,30(1):10-27.

［62］宁静,朱冉,张馨元,等．内蒙古区县城市韧性评价与分析［J］．干旱区地理,2023,46(7):1217-1226.

［63］农雪雯．韧性视角下广西城市防灾减灾策略研究［D］．南宁:广西民族大学,2020.

［64］庞天荷．中国气象灾害大典(河南卷)［M］．北京:气象出版社,2005:40-44.

［65］前瞻产业研究院．重磅! 2023年中国应急产业政策汇总及解读(全)增强突发公共事件应急处置能力,提升自然灾害防御水平［EB/OL］.(2022-12-30)［2024-03-28］.https://www.qianzhan.com/analyst/detail/220/221229-e0431236.html.

［66］邱爱军,白玮,关婧．全球100韧性城市战略编制方法探索与创新——以四川省德阳市为例［J］．城市发展研究,2019,26(2):38-44+73.

［67］渠长根．功罪千秋——花园口事件研究(1938-1945)［D］．上海:华东师范大学,2003.

［68］人民日报．第一次全国自然灾害综合风险普查调查全面完成 共获取灾害风险要素数据数十亿条［EB/OL］.(2023-02-16)［2024-03-28］.https://www.gov.cn/xinwen/2023-02/16/content_5741672.htm.

［69］邵亦文,徐江．城市韧性:基于国际文献综述的概念解析［J］．国际城市规划,2015,30(2):48-54.

［70］深圳市人民政府办公厅．深圳概览［EB/OL］.(2022-11-08)［2024-03-28］.http://www.sz.gov.cn/cn/zjsz/gl/.

［71］深圳市应急管理局.《深圳市支持社会应急力量参与应急工作的实施办法(试行)》政策解读［EB/OL］.(2021-04-14)［2024-03-28］.http://yjgl.sz.gov.cn/zwgk/xxgkml/zcfgjjd/zcjd/content/post_8692505.html#.

［72］石媛,衷菲,张海波．城市社区防灾韧性评价指标研究［J］．防灾科技学院学报,2019,21(12):47-54.

[73]史辅成,易元俊,慕平.黄河历史洪水调查、考证和研究[M].郑州:黄河水利出版社,2002:67-70.

[74]史晓亮,张艳,丁皓.自然灾害风险评估研究进展[EB/OL].(2023-11-22)[2024-03-28].西安理工大学学报,http://kns.cnki.net/kcms/detail/61.1294.N.20231122.1123.002.html.

[75]苏航,寇本川.承灾体调查中的水路调查[J].城市与减灾,2021(3):39-43.

[76]苏全有.有关近代河南灾荒的几个问题[J].殷都学刊,2003(4):55-59.

[77]苏新留.民国时期水旱灾害与河南乡村社会[D].上海:复旦大学,2003.

[78]苏新留.民国时期河南水旱灾害初步研究[J].中国历史地理论丛,2004(3):114-121+161.

[79]孙阳,张落成,姚士谋.基于社会生态系统视角的长三角地级城市韧性度评价[J].中国人口·资源与环境,2017,27(8):151-158.

[80]屠水云,张钟远,付弘流,等.基于CF与CF-LR模型的地质灾害易发性评价[J].中国地质灾害与防治学报,2022,33(9):96-104.

[81]王光辉,王雅琦.基于风险矩阵的中国城市韧性评价——以284个城市为例[J].贵州社会科学,2021(1):126-134.

[82]王慧彦,李强,王建飞,等.韧性城市建设视角下的宁波市综合防灾减灾规划[J].地震研究,2021,44(2):275-282.

[83]王静.城市承灾体地震风险评估及损失研究[D].大连:大连理工大学,2014.

[84]王世亮.内蒙古城市韧性评价及其提升策略研究[D].呼和浩特:内蒙古师范大学,2022.

[85]温克刚,庞天荷.中国气象灾害大典(河南卷)[M].北京:气象出版社,2005:18-21.

[86]温彦.河南自然灾害[M].郑州:河南教育出版社,1994:

100 – 102.

[87]吴波鸿,陈安．韧性城市恢复力评价模型构建[J]．科技导报,
2018,36(16):94 – 99.

[88]吴浩田．基于不确定性的城市市政设施韧性规划研究[D]．南京:
南京大学,2017.

[89]吴丽,田俊峰,姜忠峰．基于标准化降水指数的河南省干旱演变特
征[J]．辽宁工程技术大学学报(自然科学版),2022,41(5):421 – 430.

[90]吴文洁,黄海云．国家中心城市综合韧性评价及障碍因素分析
[J]．生态经济,2023,39(4):89 – 94,102.

[91]肖文涛,王鹭．韧性城市:现代城市安全发展的战略选择[J]．东南
学术,2019(3):89 – 99,246.

[92]向安强,贾兵强．略论明清以来河南旱灾[J]．农业考古,2005
(3):187 – 194,209.

[93]谢起慧．发达国家建设韧性城市的政策启示[J]．科学决策,2017
(4):60 – 75.

[94]国务院新闻办公室．国务院新闻办就第一次全国自然灾害综合风
险普查工作情况举行发布会[EB/OL]．(2023 – 02 – 15)[2024 – 03 – 28].
https://www.gov.cn/xinwen/2023 – 02/15/content_5741651.htm.

[95]许婵,文天祚,刘思瑶．国内城市与区域语境下的韧性研究述评
[J]．城市规划,2020,44(4):106 – 120.

[96]许兆丰,田杰芳,张靖．防灾视角下城市韧性评价体系及优化策略
[J]．中国安全科学学报,2019,29(3):1 – 7.

[97]闫泓．把脉极端天气事件提升科研综合能力[N]．科技日报,
2023 – 11 – 21(005).

[98]阎秋凤．民国时期河南自然灾害原因探析[J]．河南理工大学学报
(社会科学版),2007(3):284 – 289.

[99]杨东．日本的灾害对策体制及其对我国的启示[J]．中州学刊,
2008(5):95 – 97.

[100]杨静,李大鹏,翟长海,等.城市抗震韧性的研究现状及关键科学问题[J].中国科学基金,2019,33(5):525-532.

[101]杨晓冬,李紫薇,张家玉,等.可持续发展视角下城市韧性的时空评价[J].城市问题,2021(3):29-37.

[102]杨雅婷.抗震防灾视角下城市韧性社区评价体系及优化策略研究[D].北京:北京工业大学,2016.

[103]易立新,陈世杰,王晓荣,等.城市综合防灾减灾规划方法研究——以廊坊市为例[J].中国安全科学学报,2008,18(12):11-16+177.

[104]应急管理部.应急管理部发布四川泸定6.8级地震烈度图[EB/OL].(2022-09-11)[2024-03-28].https://www.mem.gov.cn/xw/yjglb-gzdt/202209/t20220911_422190.shtml#.

[105]应急管理部.应急管理部关于推进应急管理信息化建设的意见[EB/OL].(2021-05-13)[2024-03-28].https://www.mem.gov.cn/gk/zfxxgkpt/fdzdgknr/202105/t20210513_385059.shtml.

[106]应急管理部—教育部减灾与应急管理研究院,中国灾害防御协会.全球灾害数据平台[EB/OL].(2023-05-18)[2024-03-28].https://www.gddat.cn/newGlobalWeb/#/FeatureAnalysis.

[107]应急管理部.中国特色应急管理体制基本形成[EB/OL].(2022-09-11)[2024-03-28].https://www.gov.cn/xinwen/2022-08/31/content_5707517.htm.

[108]于帅印.河南省山地丘陵区地质灾害风险评价[D].西安:长安大学,2018.

[109]袁宏永,张小明,陈柳钦,等.优化应急管理能力体系——加强城市防灾减灾体系建设(上)[N].经济日报,2021-10-23(010).

[110]岳麟.唐山大地震时期的应急卫生对策[EB/OL].(2008-05-14)[2024-03-28].http://big5.www.gov.cn/gate/big5/www.gov.cn/govweb/fwxx/jk/2008-05/14/content_972039.htm.

[111]臧鑫宇,王逸轩,王峤.应对典型灾害的城市适灾韧性评价与韧

性地图划定[J]. 建筑学报,2021(S1):146－150.

[112]张波,郑卉好,马瑜琼. 日本三大都市圈人均应税收入收敛及其启示[J]. 亚太经济,2015(5):71－77.

[113]张纯,崔璐辰,张洋. 可持续的防灾减灾与震后重建规划经验的反思——中国唐山与美国洛杉矶北岭的案例[J]. 城市与减灾,2016(4):22－26.

[114]张建新. 城市综合防灾减灾规划的国际比较[J]. 经济社会体制比较,2009(3):171－174.

[115]张九洲. 光绪初年的河南大旱及影响[J]. 史学月刊,1990(5):97－103.

[116]张明斗,冯晓青. 中国城市韧性度综合评价[J]. 城市问题,2018(10):27－36.

[117]张培震. 中国地震灾害与防震减灾——十一届全国人大常委会专题讲座第四讲[EB/OL].(2008－10－24)[2024－03－28]. http://www. npc. gov. cn/zgrdw/huiyi/lfzt/fzjzf/2008－10/24/content_1454881. htm.

[118]张强,姚玉璧,李耀辉,等. 中国干旱事件成因和变化规律的研究进展与展望[J]. 气象学报,2020,78(3):500－521.

[119]张宇星,韩晶. 广义城市设计——要素与系统[J]. 城市规划,2004,28(7):49－53.

[120]赵懋源,杨永春,王波. 广东省城市韧性水平评价及时空分析[J]. 兰州大学学报(自然科学版),2022,58(3):412－419,426.

[121]赵树迪,张琪,周显信. 城市自然灾害应急联动机制的支撑体系建设[J]. 闽江学报.2015(6):53－58.

[122]郑艳,林陈贞. 韧性城市的理论基础与评估方法[J]. 城市,2017(6):22－28.

[123]中共应急管理部委员会. 党领导新中国防灾减灾救灾工作的历史经验与启示[EB/OL].(2021－11－10)[2024－03－28]. https://www. 163. com/dy/article/GOFJ9EDM0514HS87. html.

［124］中国地震局．中国地震局发布 2008 年中国大陆地震灾害损失述评［EB/OL］.（2009 - 02 - 16）［2024 - 03 - 28］. https：//www. gov. cn/gzdt/2009 - 02/16/content_1232718. htm.

［125］中国疾病预防控制中心．国际减灾十年综述［EB/OL］.（2011 - 04 - 11）［2024 - 03 - 28］. https：//www. chinacdc. cn/jkzt/tfggwssj/gjjzsnzs/201104/t20110411_41648. html#.

［126］中国科学院．艰辛的历程 卓著的成就——发展中的中国地震科技事业［EB/OL］.（2007 - 08 - 24）［2024 - 03 - 28］. https：//www. cas. cn/xw/kjsm/gndt/200708/t20070824_1003357. shtml.

［127］翟国方．我国防灾减灾救灾与韧性城市规划建设［J］. 北京规划建设,2018(3):26 - 29.

［128］中国科学院地理研究所．森林自然灾害［EB/OL］.（2007 - 08 - 22）［2024 - 03 - 28］. http：//www. igsnrr. cas. cn/cbkx/kpyd/zybk/slzy/202009/t20200910_5693025. html.

［129］袁宏永,张小明,王国复,等．优化应急管理能力体系——加强城市防灾减灾体系建设(上)［EB/OL］.（2021 - 10 - 23）［2024 - 03 - 28］. https：//new. qq. com/rain/a/20211023A0111400.

［130］宛霞,王国复．摸清综合风险 提升防灾能力［EB/OL］.（2020 - 11 - 25）［2024 - 03 - 28］. https：//www. cma. gov. cn/kppd/kppdmsgd/202011/t20201125_567191. html.

［131］简菊芳,唐淼,张娟,等．气象灾害综合风险普查,查的是什么?［EB/OL］.（2023 - 05 - 12）［2024 - 03 - 28］. https：//www. cma. gov. cn/2011xwzx/2011xqxzw/2011xqxyw/202305/t20230512_5501365. html.

［132］王鑫宏．河南"丁戊奇荒"灾情与社会成因探析［J］. 农业考古,2009(6):16 - 21.

［133］王彦涛．大城市气象防灾减灾重点实验室获批 确立五个特色研究方向［EB/OL］.（2022 - 07 - 13）［2024 - 03 - 28］. https：//www. cma. gov. cn/2011xwzx/2011xqxkj/2011xkjdt/202207/t20220713_4975812. html.

[134]中国新闻网.日本阪神大地震24周年传承防灾减灾观念引重视[EB/OL].(2023-06-09)[2024-03-28].https://news.sina.com.cn/o/2019-01-18/doc-ihqfskcn8256974.shtml.

[135]宋云慧.铭记雨灾教训 河南提出建设"韧性城市"[EB/OL].(2022-02-23)[2024-03-28].http://www.ha.chinanews.com.cn/news/hnxw/2022/0223/41349.shtml.

[136]国务院新闻办公室.国务院新闻办就国家综合性消防救援队伍组建五周年建设发展有关情况举行发布会[EB/OL].(2023-11-07)[2024-03-28].https://www.gov.cn/lianbo/fabu/202311/content_6914019.htm.

[137]应急管理部.海洋灾害知多少?[EB/OL].(2019-04-01)[2024-03-28].https://www.mem.gov.cn/kp/zrzh/201904/t20190401_366117.shtml.

[138]民政部.民政部等联合发布2010年全国自然灾害损失情况[EB/OL].(2024-01-18)[2024-03-28].https://www.gov.cn/gzdt/2011-01/14/content_1784580.htm.

[139]民政部.民政部减灾办发布2013年全国自然灾害基本情况[EB/OL].(2014-01-04)[2024-03-28].https://www.gov.cn/gzdt/2014-01/04/content_2559933.htm.

[140]中商产业研究院.2022年中国应急企业区域分布情况:形成三大应急产业集群[EB/OL].(2022-05-11)[2024-03-28].https://www.askci.com/news/chanye/20220511/1545001852875.shtml.

[141]周方,赵伟,胡翔奎,等.基于关键基础设施耦合关系的城市韧性评价[J].安全与环境学报,2023,23(4):1014-1021.

[142]周利敏.韧性城市:风险治理及指标建构——兼论国际案例[J].北京行政学院学报,2016(3):13-20.

[143]朱敏,周文波,程晓林,等.海绵城市韧性评价研究[J].建筑经济,2023,44(5):5-12.

[144]朱宇强.略论唐代伊洛河水系与洛阳城水灾[D].广州:暨南大学,2006.

[145]祝艳波,兰恒星,彭建兵,等. 黄河中游地区水土灾害机理与灾害链效应研究进展[J]. 人民黄河,2021(8):108-116,147.

[146]莈荷. 中国地灾概览[EB/OL]. (2011-01-06)[2024-03-28]. https://www.cgs.gov.cn/xwl/ddyw/201603/t20160309_277508.html.

[147] BRUNEAU M, CHANG S E, EGUCHI R T, et al. A framework to quantitatively assess and enhance the seismic resilience of communities [J]. Earthquake Spectra,2012,19(4):733-752.

[148] California stormwater quality association. Greening the los angeles public right-of-way:Prioritizing green stormwater infrastructure for multiple benefits [EB/OL]. (2020-09-26)[2024-03-28]. https://www.casqa.org/asca/greening-losangeles-public-right-way-prioritizing-green-stormwaterinfrastructure-multiple.

[149] CIMELLARO G P, REINHORN A M, BRUNEAU M. Framework for analytical quantification of disaster resilience[J]. Engineering Structures,2010, 32(11):3639-3649.

[150] Mayor Karen Bass. Resilient los angeles[EB/OL]. (2020-07-10) [2024-03-28]. https://www.lamayor.org/Resilience.

[151] CUTTER S L, ASH K D, EMRICH C T. The geographies of community disaster resilience[J]. Global Environmental Change-Human and Policy Dimensions,2014(29):65-77.

[152] DAI A. Increasing drought under global warming in observations and models[J]. Nature Climate Change,2013(3):52-58.

[153] ETKIN D, MEDALYE J, HIGUCHI K. Climate warming and natural disaster management:An exploration of the issues[J]. Climate Change,2012 (112):585-599.

[154] FOLKE C, CARPENTER S, ELMQVIST T, et al. Resilience and sustainable development:Building adaptive capacity in a world of transformations [J]. A Journal of the Human Environment,2002,31(5):437-440.

［155］FOLKE C. The economic perspective：Conservation against development versus conservation for development［J］. Conservation Biology：The Journal of the Society for Conservation Biology，2006，20（3）：686－688.

［156］FOSTER K A. A case study approach to understanding regional resilience［R］. IURD Working Paper Series，2007.

［157］GODSCHALK D R. Urban hazard mitigation：Creating resilient cities ［J］. Natural Hazards Review，2003，4（3）：136－145.

［158］HOLLING C S. Resilience and stability of ecological systems ［J］. Annual Review of E－cology and Systematics，1973，4（1）：1－23.

［159］LAM R P K, LEUNG L P, BALSARI S, et al. Urban disaster preparedness of Hong Kong residents：A territory－wide survey［J］. International Journal of Disaster Risk Reduction，2017（23）：62－69.

［160］MEEROW S, NEWELL J P, STULTS M. Defining urban resilience：A review［J］. Landscape and Urban Planning，2016（147）：38－49.

［161］PORFIRIEV B. Evaluation of human losses from disasters：The case of the 2010 heat wave－s and forest fires in Russia［J］. International Journal of Disaster Risk Reduction，2014, 7（3）：91－99.

［162］Resilience Cities Network. Urban resilience［EB/OL］.（2020－10－25）［2024－03－28］. https://resilientcitiesnetwork. org/urban－resiliencel.

［163］SHAW D, SCULLY J, HART T. The paradox of social resilience：How cognitive strategies and coping mechanisms attenuate and accentuate resilience［J］. Global Environmental Change－Human and Policy Dimensions，2014（25）：194－203.

［164］STOESSEL F. Integrated disaster reduction：The approach developed by the swiss agency for development and cooperation［J］. Mountain Research & Development，2004，24（1）：76－77.

［165］WARDEKKER A. Contrasting the framing of urban climate resilience ［J］. Sustainable Cities and Society，2021，75（8）：1－18.

附 录

附表 1　2021 年河南省大中城市防灾减灾能力指数

城市	暴露度	敏感性	适应能力	经济水平	管理制度	社会文化	脆弱性指数	准备程度指数	防灾减灾能力指数
郑州	0.6257	0.2993	0.4841	0.5477	0.4824	0.7335	0.4697	0.5879	55.9082
南阳	0.7234	0.3505	0.4546	0.3511	0.4089	0.7458	0.5095	0.5020	49.6231
许昌	0.5937	0.3256	0.4994	0.3886	0.3890	0.5931	0.4729	0.4569	49.1992
洛阳	0.6124	0.3202	0.5206	0.3548	0.3897	0.6391	0.4844	0.4612	48.8406
濮阳	0.7519	0.3164	0.5215	0.3187	0.5182	0.6471	0.5299	0.4946	48.2361
济源	0.6150	0.2584	0.5180	0.3879	0.3190	0.5587	0.4638	0.4219	47.9032
新乡	0.7187	0.3344	0.4759	0.3646	0.3761	0.6427	0.5096	0.4612	47.5758
焦作	0.6577	0.3020	0.4993	0.3974	0.3503	0.5635	0.4863	0.4371	47.5365
鹤壁	0.6572	0.2792	0.5047	0.3683	0.3289	0.5949	0.4804	0.4307	47.5168
漯河	0.6205	0.2931	0.5450	0.3557	0.3411	0.5704	0.4862	0.4224	46.8100
安阳	0.7730	0.3492	0.5060	0.3556	0.3676	0.6542	0.5427	0.4592	45.8210
信阳	0.8081	0.3155	0.4876	0.3381	0.3704	0.6444	0.5371	0.4510	45.6954
平顶山	0.7109	0.3352	0.5321	0.3310	0.3305	0.6353	0.5261	0.4323	45.3108
开封	0.7398	0.3425	0.5062	0.3304	0.3651	0.5996	0.5295	0.4317	45.1087
驻马店	0.7278	0.3391	0.4886	0.3115	0.3020	0.6364	0.5185	0.4166	44.9069
三门峡	0.6224	0.2845	0.5873	0.3408	0.2828	0.5419	0.4981	0.3885	44.5218
周口	0.7975	0.3669	0.4898	0.3139	0.3677	0.6042	0.5514	0.4286	43.8591
商丘	0.8342	0.3720	0.5369	0.3103	0.3657	0.5955	0.5810	0.4238	42.1407

附表 2　2017—2021 年河南省大中城市防灾减灾支撑能力指数

城市	年份				
	2017	2018	2019	2020	2021
郑州	0.7809	0.6636	0.6683	0.6112	0.8555
开封	0.2345	0.2649	0.2654	0.2494	0.1819
洛阳	0.3786	0.4504	0.4702	0.5012	0.5014
平顶山	0.2021	0.2493	0.2878	0.2665	0.1918
安阳	0.2111	0.2264	0.2141	0.2466	0.1822
鹤壁	0.2563	0.2994	0.2646	0.2870	0.2150
新乡	0.2471	0.2326	0.1989	0.2569	0.2219
焦作	0.2569	0.3247	0.3118	0.3163	0.2836
濮阳	0.1892	0.2484	0.2609	0.2424	0.2038
许昌	0.2205	0.2805	0.2645	0.2772	0.2221
漯河	0.1896	0.2467	0.2122	0.2147	0.1949
三门峡	0.2466	0.2910	0.2348	0.2586	0.2077
南阳	0.1722	0.1966	0.2261	0.2303	0.2237
商丘	0.1440	0.1741	0.1692	0.1529	0.1661
信阳	0.1435	0.1853	0.1728	0.1866	0.1672
周口	0.1306	0.1399	0.1484	0.1667	0.1336
驻马店	0.1988	0.2142	0.1869	0.2076	0.2260
济源	0.2367	0.2947	0.2450	0.4154	0.3978

附表 3　2017—2021 年河南省大中城市五类防灾减灾支撑能力得分情况

城市	防灾减灾经济支撑能力	防灾减灾社会支撑能力	防灾减灾基础设施支撑能力	防灾减灾生态支撑能力	防灾减灾管理支撑能力
2017 年					
郑州	0.0879	0.4727	0.0712	0.0442	0.1049
开封	0.0291	0.0649	0.0258	0.0221	0.0926
洛阳	0.0607	0.1001	0.0523	0.0317	0.1338
平顶山	0.0361	0.0552	0.0252	0.0278	0.0579
安阳	0.0357	0.0681	0.0337	0.0219	0.0517
鹤壁	0.0497	0.0959	0.0520	0.0169	0.0416
新乡	0.0386	0.0727	0.0314	0.0191	0.0854

城市	防灾减灾经济支撑能力	防灾减灾社会支撑能力	防灾减灾基础设施支撑能力	防灾减灾生态支撑能力	防灾减灾管理支撑能力
焦作	0.0423	0.0950	0.0453	0.0208	0.0535
濮阳	0.0337	0.0527	0.0413	0.0213	0.0402
许昌	0.0408	0.0629	0.0445	0.0228	0.0495
漯河	0.0445	0.0619	0.0432	0.0228	0.0172
三门峡	0.0534	0.0772	0.0496	0.0166	0.0499
南阳	0.0395	0.0355	0.0124	0.0221	0.0627
商丘	0.0237	0.0349	0.0199	0.0265	0.0391
信阳	0.0271	0.0404	0.0265	0.0210	0.0285
周口	0.0189	0.0176	0.0244	0.0190	0.0507
驻马店	0.0278	0.0455	0.0353	0.0260	0.0642
济源	0.0533	0.0907	0.0368	0.0179	0.0380
2018 年					
郑州	0.1012	0.2715	0.1021	0.0616	0.1273
开封	0.0410	0.0464	0.0329	0.0331	0.1115
洛阳	0.0775	0.0817	0.0719	0.0420	0.1773
平顶山	0.0472	0.0610	0.0405	0.0371	0.0635
安阳	0.0473	0.0541	0.0485	0.0318	0.0447
鹤壁	0.0638	0.0677	0.0731	0.0243	0.0705
新乡	0.0505	0.0585	0.0425	0.0239	0.0572
焦作	0.0562	0.0807	0.0700	0.0300	0.0879
濮阳	0.0389	0.0524	0.0606	0.0294	0.0672
许昌	0.0553	0.0587	0.0634	0.0328	0.0704
漯河	0.0561	0.0506	0.0670	0.0335	0.0395
三门峡	0.0653	0.0741	0.0672	0.0181	0.0663
南阳	0.0411	0.0353	0.0178	0.0308	0.0715
商丘	0.0337	0.0335	0.0281	0.0343	0.0445
信阳	0.0296	0.0506	0.0337	0.0306	0.0407
周口	0.0230	0.0157	0.0329	0.0295	0.0388
驻马店	0.0321	0.0276	0.0412	0.0388	0.0745
济源	0.0678	0.0791	0.0580	0.0255	0.0643

城市	防灾减灾经济支撑能力	防灾减灾社会支撑能力	防灾减灾基础设施支撑能力	防灾减灾生态支撑能力	防灾减灾管理支撑能力
2019 年					
郑州	0.0815	0.3028	0.0459	0.0810	0.1570
开封	0.0326	0.0499	0.0203	0.0374	0.1252
洛阳	0.0607	0.0862	0.0304	0.0516	0.2413
平顶山	0.0387	0.0545	0.0237	0.0494	0.1216
安阳	0.0348	0.0499	0.0262	0.0402	0.0629
鹤壁	0.0531	0.0684	0.0413	0.0229	0.0789
新乡	0.0364	0.0593	0.0209	0.0248	0.0575
焦作	0.0438	0.0721	0.0358	0.0367	0.1234
濮阳	0.0335	0.0530	0.0282	0.0301	0.1161
许昌	0.0407	0.0627	0.0330	0.0382	0.0900
漯河	0.0500	0.0536	0.0380	0.0417	0.0289
三门峡	0.0509	0.0676	0.0319	0.0271	0.0574
南阳	0.0353	0.0453	0.0198	0.0498	0.0758
商丘	0.0305	0.0303	0.0231	0.0454	0.0399
信阳	0.0249	0.0371	0.0169	0.0382	0.0557
周口	0.0192	0.0200	0.0182	0.0351	0.0560
驻马店	0.0285	0.0371	0.0214	0.0481	0.0517
济源	0.0496	0.0745	0.0278	0.0264	0.0666
2020 年					
郑州	0.1027	0.3006	0.0471	0.0624	0.0984
开封	0.0383	0.0497	0.0266	0.0325	0.1024
洛阳	0.0749	0.0868	0.0448	0.0447	0.2499
平顶山	0.0421	0.0488	0.0261	0.0387	0.1108
安阳	0.0408	0.0581	0.0309	0.0303	0.0863
鹤壁	0.0609	0.0586	0.0516	0.0244	0.0915
新乡	0.0443	0.0641	0.0237	0.0271	0.0976
焦作	0.0463	0.0828	0.0395	0.0263	0.1214
濮阳	0.0382	0.0564	0.0347	0.0257	0.0874
许昌	0.0521	0.0623	0.0369	0.0299	0.0961

城市	防灾减灾经济支撑能力	防灾减灾社会支撑能力	防灾减灾基础设施支撑能力	防灾减灾生态支撑能力	防灾减灾管理支撑能力
漯河	0.0570	0.0485	0.0461	0.0383	0.0247
三门峡	0.0572	0.0601	0.0437	0.0245	0.0731
南阳	0.0401	0.0460	0.0238	0.0408	0.0795
商丘	0.0271	0.0331	0.0238	0.0361	0.0328
信阳	0.0335	0.0400	0.0151	0.0372	0.0608
周口	0.0232	0.0289	0.0229	0.0267	0.0650
驻马店	0.0333	0.0486	0.0295	0.0431	0.0532
济源	0.0625	0.0818	0.0290	0.0199	0.2222
2021 年					
郑州	0.0634	0.4129	0.0268	0.0881	0.2642
开封	0.0267	0.0548	0.0174	0.0349	0.0481
洛阳	0.0397	0.0886	0.0268	0.0451	0.3012
平顶山	0.0266	0.0528	0.0154	0.0387	0.0583
安阳	0.0227	0.0576	0.0207	0.0304	0.0507
鹤壁	0.0314	0.0596	0.0322	0.0260	0.0658
新乡	0.0242	0.0655	0.0147	0.0260	0.0915
焦作	0.0286	0.0958	0.0266	0.0252	0.1075
濮阳	0.0216	0.0636	0.0202	0.0301	0.0683
许昌	0.0294	0.0603	0.0205	0.0332	0.0787
漯河	0.0337	0.0545	0.0263	0.0364	0.0440
三门峡	0.0301	0.0703	0.0212	0.0271	0.0590
南阳	0.0209	0.0486	0.0159	0.0364	0.1018
商丘	0.0160	0.0423	0.0104	0.0369	0.0606
信阳	0.0192	0.0362	0.0136	0.0336	0.0646
周口	0.0162	0.0253	0.0141	0.0365	0.0415
驻马店	0.0209	0.0491	0.0207	0.0372	0.0981
济源	0.0324	0.0873	0.0184	0.0156	0.2441

附表4　2017—2021 年河南省大中城市
防灾减灾管理支撑能力问卷调查结果

您好！

为了研究防灾减灾支撑体系的建设，我们需要请您帮忙完成这份问卷，问卷结果除学术研究外不做其他用途，希望可以得到您的配合。非常感谢您在百忙之中填写这份问卷，感谢您的支持！

防灾减灾管理层面我们主要考虑以下指标：

1. 应急预案的完备性：例如旱涝、洪涝等灾害是否具有各自的一套完整的预案体系。

2. 应急资源保障能力：救灾资金储备情况，救灾物资供应能力。在储存物资方面，科学地布置储存地点、合理地设置储存点的数量和容量。

3. 防灾减灾知识宣传教育的普及性：定期举办防灾减灾活动，在城市广告牌、宣传橱窗等地方布置防灾减灾相关知识，进行防灾演习等。

4. 防灾减灾法规完善程度：包括制定法律法规的数量，防灾减灾整个过程相关法规的覆盖率等。

5. 专业救援队伍的建设程度：包括以武警、公安消防、解放军为核心组成的队伍，社会组织的救援队伍、企事业单位组织的救援队伍等，救援队伍的整体素质水平等。

6. 现场指挥救灾能力：遭遇灾害时，现场领导下达有效准确的命令指挥作战，各种高质量救援队伍的指挥能力，各种高技术救援设备的配置到位，以及下级单位及时听从指挥进行救援工作。

7. 应急机制响应速度：主要是在突发事件、危机和紧急情况出现之后，相关管理主体所采取的紧急处置、及时应对和救援工作，并且充分调动现有的各种资源和力量参与到处置和救援工作中。

8. 灾情信息发布能力：包含灾害发生的时间、地点和背景，灾害目前的破坏程度，人员伤亡情况和资金损失状况以及已经进行的救援手段等。

9. 防灾减灾管理人员质量：管理人员的整体素质，对于灾害的危机意识；人力资源储备机制的完善程度；政府对管理人员行使职权的相关政策支持等。

10. 学习防灾经验与成长能力：积极参加各组织救灾计划交流会、论坛等，学习高新技术研制的防灾设备，学习防灾的救援能力等。

管理维度相关指标评分

（**此表格需要您进行打分，请填写 1~5 的数字。分值越高代表越好，1：很不强；2：不强；3：一般；4：强；5：很强**）

城市	年份	应急预案的完备性	应急资源保障能力	防灾减灾知识宣传教育的普及性	防灾减灾法规完善程度	专业救援队伍的建设程度	现场指挥救灾能力	应急机制响应速度	灾情信息发布能力	防灾减灾管理人员质量	学习防灾经验与成长能力
郑州	2017	2.875	3	3	2.625	2.75	2.75	2.75	2.875	2.875	2.625
	2018	3.25	3.375	2.75	2.5	2.75	2.75	2.875	3.25	2.75	2.75
	2019	3.125	3.625	3.25	2.5	2.75	2.625	3	3	3.125	3.25
	2020	3.25	3.875	3.375	2.75	3.5	2.75	3	3.25	3.375	2.875
	2021	4.25	4.25	4.5	3.25	4.25	4.375	4.125	4.375	4.375	4
开封	2017	2.75	2.625	2.625	2.875	2.75	2.5	2.75	3.125	3.125	2.75
	2018	2.875	2.75	3.25	2.5	2.625	2.875	2.75	2.875	3	2.875
	2019	2.875	3	3.125	2.375	2.75	2.5	3	3.5	3	2.875
	2020	2.875	2.875	3.125	2.5	3.5	3.375	3.125	3.625	3.625	3
	2021	3.5	3.625	4	3.375	3.375	3.5	3.625	3.875	3.5	3.625
洛阳	2017	2.875	2.875	3	2.25	3	3.125	3	3.125	2.625	2.75
	2018	2.875	3.5	3.25	2.375	3.125	3.125	2.875	3.625	2.75	3.125
	2019	3.5	3.625	3.375	2.5	3	2.875	3	3.875	3.375	3.125
	2020	3.875	3.625	4	3.25	3.75	3.875	3.5	4	3.5	3.75
	2021	4.25	4	4.375	3.75	4.375	4.5	4.375	4.625	4.25	4.375

城市	年份	应急预案的完备性	应急资源保障能力	防灾减灾知识宣传教育的普及性	防灾减灾法规完善程度	专业救援队伍的建设程度	现场指挥救灾能力	应急机制响应速度	灾情信息发布能力	防灾减灾管理人员质量	学习防灾经验与成长能力
平顶山	2017	2.5	2.75	2.875	2.625	2.75	2.5	2.875	2.5	2.625	2.5
	2018	2.625	2.75	2.875	2.375	2.875	2.75	2.5	2.75	2.625	2.75
	2019	3.125	3.375	3	2.75	3.375	2.75	2.625	2.875	2.625	2.875
	2020	3.625	3.625	3.25	2.625	4.125	3.125	2.875	3.125	3.25	2.875
	2021	3.5	3.625	3.875	3.375	3.875	3.625	3.375	3.75	3.375	3.625
安阳	2017	2.5	2.75	2.75	2.625	2.625	2.625	2.5	2.5	2.375	2.5
	2018	2.75	2.625	2.625	2.5	2.75	2.5	2.5	2.5	2.5	2.75
	2019	2.75	2.875	3.125	2.625	2.875	2.75	2.625	2.75	2.75	2.875
	2020	3.625	3.5	3	2.625	2.875	3	3.125	3.125	3.5	3
	2021	3.5	3.625	3.75	3.25	3.375	3.625	3.75	3.75	3.625	3.625
鹤壁	2017	2.5	2.5	2.5	2.375	2.375	2.625	2.625	2.75	2.375	2.5
	2018	2.75	2.875	3	2.375	2.5	2.75	2.75	2.75	2.625	2.625
	2019	3	3	3.125	2.5	2.625	2.75	2.875	2.75	2.75	2.75
	2020	3.625	3.75	3	2.625	2.875	3.125	3.125	3.125	3.375	3
	2021	3.625	3.75	3.875	3.25	3.375	3.75	3.625	3.875	3.375	3.625
新乡	2017	2.625	2.625	2.625	2.125	2.625	3.125	2.625	2.625	2.625	2.375
	2018	2.75	2.75	2.75	2.375	2.5	2.75	2.75	2.625	2.625	2.625
	2019	2.875	2.75	2.875	2.25	2.5	2.625	2.75	3	2.875	2.875
	2020	3.5	3.125	3.25	2.375	2.75	3	3.25	3.25	3.625	3.25
	2021	3.875	3.75	3.875	3.125	3.5	3.75	3.5	3.875	3.75	3.75
焦作	2017	2.625	2.75	3	2.25	2.75	2.5	2.5	2.625	2.625	2.75
	2018	2.75	3	2.875	2.375	2.75	2.625	2.625	2.75	2.875	2.875
	2019	3.375	3	3.25	2.375	3	2.875	2.875	2.875	2.875	3
	2020	3.625	3.875	3.375	2.5	3.5	3	3	3.25	3.375	3.125
	2021	3.75	4	3.75	3.25	4.125	3.5	3.75	3.875	3.625	3.875

城市	年份	应急预案的完备性	应急资源保障能力	防灾减灾知识宣传教育的普及性	防灾减灾法规完善程度	专业救援队伍的建设程度	现场指挥救灾能力	应急机制响应速度	灾情信息发布能力	防灾减灾管理人员质量	学习防灾经验与成长能力
濮阳	2017	2.625	2.625	2.75	2.125	2.75	2.5	2.625	2.5	2.625	2.5
	2018	2.75	2.75	2.875	2.25	2.75	2.625	2.75	2.75	2.75	2.625
	2019	3	3	3.125	2.625	3	2.875	3	2.875	3	2.875
	2020	3.625	3	3.25	2.625	3.125	2.875	3.125	3	3.5	3.125
	2021	3.75	3.625	3.75	3.125	3.625	3.625	3.625	3.75	3.5	3.75
许昌	2017	2.625	2.75	2.875	2.25	2.625	2.5	2.625	2.625	2.625	2.625
	2018	2.875	2.875	2.75	2.25	2.75	2.5	2.625	2.75	2.75	2.75
	2019	2.75	2.875	2.875	2.5	2.625	2.75	2.875	3.125	3	3.125
	2020	3.375	3.125	3.125	2.625	3.125	3.125	3	3.25	3.375	3.25
	2021	3.625	3.75	3.875	3.25	3.625	3.5	3.75	4.125	3.5	3.75
漯河	2017	2.375	2.5	2.5	2.125	2.625	2.5	2.5	2.375	2.375	2.5
	2018	2.625	2.75	2.5	2.125	2.5	2.625	2.75	2.5	2.375	2.75
	2019	2.625	2.875	2.75	2.125	2.625	2.625	2.875	2.75	2.5	2.625
	2020	3	2.875	3	2.25	2.75	2.75	2.875	3.25	3.25	2.875
	2021	3.625	3.5	3.5	3.125	3.625	3.625	3.5	3.875	3.5	3.5
三门峡	2017	2.625	2.5	2.625	2.125	2.625	2.625	2.5	2.75	2.625	2.625
	2018	2.625	2.75	2.625	2.25	2.75	2.75	2.75	2.875	2.625	2.75
	2019	2.75	2.875	2.75	2.375	2.875	2.625	2.875	2.75	2.75	2.875
	2020	3.125	3.5	3	2.5	3	2.75	3	3.25	2.875	3.25
	2021	3.75	3.75	3.75	3.125	3.625	3.5	3.5	3.75	3.625	3.625
南阳	2017	2.75	2.625	2.75	2.25	2.75	2.625	2.75	2.5	2.75	2.625
	2018	2.875	2.875	2.75	2.25	2.75	2.625	2.875	2.625	2.625	2.625
	2019	2.625	2.875	2.75	2.375	3	2.875	2.875	3	2.875	2.75
	2020	3.25	3.75	3.125	2.5	3.125	3	3	3.625	2.875	2.875
	2021	3.75	3.75	3.75	3.25	3.75	3.75	3.875	4	3.75	3.625

城市	年份	应急预案的完备性	应急资源保障能力	防灾减灾知识宣传教育的普及性	防灾减灾法规完善程度	专业救援队伍的建设程度	现场指挥救灾能力	应急机制响应速度	灾情信息发布能力	防灾减灾管理人员质量	学习防灾经验与成长能力
商丘	2017	2.5	2.625	2.75	2.125	2.5	2.625	2.5	2.375	2.5	2.75
	2018	2.5	2.5	2.625	2.25	2.5	2.875	2.75	2.625	2.5	2.75
	2019	2.75	2.875	2.75	2.5	2.625	2.75	2.75	2.75	2.625	2.5
	2020	3.125	3.125	3	2.5	2.75	2.75	3	3.25	2.875	2.875
	2021	3.625	3.625	3.625	3.25	3.625	3.625	3.75	3.875	3.375	3.625
信阳	2017	2.625	2.5	2.75	2.125	2.5	2.5	2.375	2.5	2.5	2.625
	2018	2.75	2.625	2.625	2.375	2.5	2.375	2.5	2.75	2.5	2.75
	2019	2.75	2.875	2.875	2.5	2.75	2.75	2.75	2.875	2.625	2.625
	2020	3.125	3.125	3.125	2.75	3	2.625	3	3.125	3.375	3
	2021	3.75	3.875	4	3.25	3.75	3.5	3.75	3.625	3.375	3.5
周口	2017	2.5	2.625	2.25	2	2.375	2.75	2.625	2.625	2.625	2.875
	2018	2.5	2.625	2.5	2.125	2.375	2.75	2.625	2.875	2.625	2.75
	2019	2.625	2.75	2.625	2.625	2.5	2.75	2.875	3	2.75	3
	2020	3.125	3.375	2.75	2.5	2.875	3.125	3.125	3.125	3.25	3
	2021	3.75	3.625	3.625	2.875	3.5	3.625	3.625	3.625	3.25	3.625
驻马店	2017	2.625	2.5	2.375	2.125	2.75	2.75	2.625	2.75	2.75	2.625
	2018	2.875	2.75	2.75	2.25	2.625	2.75	2.75	2.75	2.75	2.75
	2019	2.75	2.75	2.875	2.25	2.625	2.875	2.75	2.75	2.875	3.125
	2020	3	3.125	3.125	2.625	2.75	2.875	3	3.125	3.375	3
	2021	3.875	3.75	4	3.25	3.625	3.75	3.625	3.875	3.75	3.625
济源	2017	2.5	2.375	2.5	2	2.5	2.5	2.75	2.75	2.75	2.75
	2018	2.5	2.5	2.875	2	2.5	2.625	2.75	2.75	2.625	3
	2019	2.75	2.875	2.875	2.25	2.75	3.125	2.75	2.875	2.5	3.25
	2020	3.5	3.625	3.625	3.125	3.5	3.5	3.625	3.875	3.5	3.75
	2021	4.375	4.375	4.375	3	4	4.125	4.25	4.375	4.125	4.125

附表 5　经济、社会、基础设施、生态防灾减灾能力评估指标相关性分析结果

经济	人均GDP/元	第三产业占GDP的比重/%	人均实际利用外资额/美元/人	人均固定资产投资额/元/人	财政自给率/%	城镇居民人均可支配收入/元	城镇登记失业率/%	公共财政预算支出/亿元	公共财政收入占GDP的比重/%	就业人员数/万人	教育支出占财政支出的比重/%	科学支出占财政支出的比重/%	二三产业产值占GDP的比重/%	规模以上工业企业个数/个	公共安全财政支出占比/%
人均GDP/元	1														
第三产业占GDP的比重/%	0.086	1													
人均实际利用外资额/美元/人	0.775 ***	-0.207 *	1												
人均固定资产投资额/元/人	0.807 ***	-0.071	0.852 ***	1											
财政自给率/%	0.882 ***	0.085	0.664 ***	0.649 ***	1										
城镇居民人均可支配收入/元	0.669 ***	0.599 ***	0.375 ***	0.419 ***	0.658 ***	1									
城镇登记失业率/%	-0.053	0.174	-0.068	0.03	0.007	0.152	1								
公共财政预算支出/亿元	0.148	0.707 ***	-0.179 *	-0.129	0.09	0.417 ***	-0.104	1							
公共财政收入占GDP的比重/%	0.667 ***	0.326 ***	0.579 ***	0.503 ***	0.763 ***	0.594 ***	-0.105	0.404 ***	1						
就业人员数/万人	-0.411 ***	0.429 ***	-0.594 ***	-0.546 ***	-0.385 ***	-0.12	-0.062	0.716 ***	-0.134	1					

续表

经济	人均GDP/元	第三产业占GDP的比重/%	人均实际利用外资额/美元/人	人均固定资产投资额/元/人	财政自给率/%	城镇居民人均可支配收入/元	城镇登记失业率/%	公共财政预算支出/亿元	公共财政收入占GDP的比重/%	就业人员数/万人	教育支出占财政支出的比重/%	科学支出占财政支出的比重/%	二三产业产值占GDP的比重/%	规模以上工业企业/个数/个	公共安全支财政支出占比/%
教育支出占财政支出的比重/%	-0.467***	-0.235**	-0.453***	-0.308***	-0.457***	-0.344***	0.162	-0.386***	-0.697***	0.048	1				
科学支出占财政支出的比重/%	0.493***	0.347***	0.446***	0.368***	0.483***	0.713***	0.104	0.289***	0.427***	-0.109	-0.400***	1			
二三产业产值占GDP的比重/%	0.613***	0.125	0.522***	0.412***	0.720***	0.519***	-0.041	0.163	0.617***	-0.232**	-0.358***	0.411***	1		
规模以上工业企业个数/个	-0.03	0.596***	-0.375***	-0.267**	0.004	0.266**	0.056	0.822***	0.108	0.769***	-0.210**	0.267**	0.078	1	
公共安全全财政支出占比/%	0.097	-0.248**	0.094	0.082	0.241**	-0.182*	-0.11	-0.280***	0.07	-0.250**	-0.007	-0.210**	0.302***	-0.180*	1

社会	城镇化率/%	每万人卫生技术人员数/人	每万人医院病床数/张	RD人员全时当量/人	商业保险密度/元/人	城镇居民恩格尔系数	普通高等院校在校人数/人	城镇人口数量/万人	非农就业人员比重/%	在岗工人年平均工资/元	公共管理与社会组织人员占总人数比/%	人口密度/人/平方千米	人口自然增长率/‰
城镇化率/%	1												

222

续表

社会	城镇化率/%	每万人卫生技术人员数/人	每万人医院病床数/张	RD人员全时当量/人	商业保险密度/元·人	城镇居民恩格尔系数	普通高等院校在校人数/人	城镇人口数量/万人	非农就业人员比重/%	在岗工人平均工资/元	公共管理与社会组织人员占总人数比/%	人口密度/人·平方千米	人口自然增长率/‰
每万人卫生技术人员数/人	0.808***	1											
每万人医院病床数/张	0.642***	0.867***	1										
RD人员全时当量/人	0.657***	0.723***	0.647***	1									
商业保险密度/元·人	0.794***	0.759***	0.642***	0.864***	1								
城镇居民恩格尔系数	-0.372***	-0.339***	-0.355***	-0.181*	-0.197*	1							
普通高等院校在校人数/人	0.618***	0.679***	0.598***	0.948***	0.895***	-0.125	1						
城镇人口数量/万人	0.008	0.199*	0.282***	0.565***	0.338***	0.037	0.556***	1					
非农就业人员比重/%	0.742***	0.685***	0.463***	0.505***	0.606***	-0.139	0.502***	0.08	1				

223

续表

社会	城镇化率/%	每万人卫生技术人员数/人	每万人医院病床数/张	RD人员全时当量/人	商业保险密度/元人	城镇居民恩格尔系数/人	普通高等院校在校人数/人	城镇人口数量/万人	非农就业人员比重/%	在岗工人平均工资/元	公共管理与社会组织人员占总人数比/%	人口密度/人平方千米	人口自然增长率/‰
在岗工人平均工资/元	0.626***	0.696***	0.536***	0.728***	0.744***	-0.306***	0.723***	0.359***	0.485***	1			
公共管理与社会组织人员占人数比/%	0.608***	0.620***	0.459***	0.337***	0.455***	-0.159	0.289***	0.04	0.623***	0.421***	1		
人口密度/人平方千米	0.479***	0.582***	0.459***	0.573***	0.572***	-0.242***	0.593***	0.276***	0.415***	0.561***	0.261**	1	
人口自然增长率/‰	0.063	-0.098	-0.063	0.099	0.124	-0.323***	0.117	0.054	-0.205*	0.214*	-0.163	0.262**	1

基础设施	每万人拥有公共图书馆量	建成区排水管道密度	燃气普及率/%	移动电话普及率	互联网普及率/%	年底实有运营车辆	用水普及率/%	年底道路长度	人均公园绿地面积	排水管道长度	城市天然气供气总量	建成区面积
每万人拥有公共图书量个/万人	1	-0.199	0.103	0.212*	0.184	-0.199	0.103	-0.257*	.308**	-.262*	-0.186	-.232*

续表

基础设施	每万人拥有公共图书馆藏量	人均城市道路面积	建成区排水管道密度	燃气普及率/%	移动电话普及率/%	互联网普及率/%	年底实有运营车辆	用水普及率/%	人均公园绿地面积	年底道路长度	排水管道长度	城市天然气供气总量	建成区面积
人均城市道路面积/平方米	-0.063	1	0.206	.283**	-.262*	0.017	-.353**	0	.373**	-.366**	-.329**	-.430**	-.381**
建成区排水管道密度/公里/平方公里	-0.199	0.206	1	0.203	0.099	0.125	0.012	0.178	.211*	0.046	0.115	-0.03	-0.101
燃气普及率/%	0.103	.283**	0.203	1	0.099	.331**	-.289**	.602**	.286**	-.345**	-.270*	-.263**	-.329**
移动电话普及率/%	.212*	-.262*	0.099	0.099	1	.629**	.638**	.439**	.283**	.538**	.620**	.700**	.602**
互联网普及率/%	0.184	0.017	0.125	.331**	.629**	1	0.113	.357**	.397**	0.157	0.194	.236*	0.156
年底实有运营车辆/辆	-0.199	-.353**	0.012	-.289**	.638**	0.113	1	0.113	0.084	.855**	.936**	.926**	.942**

续表

基础设施	每万人拥有公共图书馆量	人均城市道路面积	建成区排水管道密度	燃气普及率/%	移动电话普及率	互联网普及率/%	车底实有运营车辆	用水普及率/%	人均公园绿地面积	车底道路长度	排水管道长度	城市天然气供气总量	建成区面积
用水普及率/%	0.103	0	0.178	.602*	.439**	.357**	0.113	1	.321**	−0.03	0.084	0.176	0.055
人均公园绿地面积/平方米	.308**	.373**	.211*	.286*	.283**	.397**	0.084	.321*	1	0.048	0.057	−0.008	0.021
车底道路长度/公里	−.257*	−.366**	0.046	−.345**	.538**	0.157	.855**	−0.03	0.048	1	.947**	.858**	.932**
排水管道长度/公里	−.262*	−.329**	0.115	−.270*	.620**	0.194	.936**	0.084	0.057	.947**	1	.942**	.972**
城市天然气供气总量/万立方米	−0.186	−.430**	−0.03	−.263*	.700**	.236*	.926**	0.176	−0.008	.858**	.942**	1	.953**
建成区面积/平方公里	−.232*	−.381**	−0.101	−.329**	.602**	0.156	.942**	0.055	0.021	.932**	.972**	.953**	1

续表

生态	建成区绿化覆盖率/%	污水排放量/万立方米	污水处理量/万立方米	污水日处理能力/万立方米	用电量/亿千瓦时	城市生活垃圾清运量/万吨	污水处理率/%	固体废物综合利用率/%	生活垃圾无害化处理率/%	单位GDP工业废水排放量/吨/亿元	单位GDP工业二氧化硫排放量/吨/亿元	单位GDP工业烟（粉）尘排放量/吨/亿元
建成区绿化覆盖率/%	1	-0.114	-0.11	-0.11	-0.033	-0.026	0.202	0.005	0.158	-0.072	0.005	0.019
污水排放量/万立方米	-0.114	1	1.000**	1.000**	.834**	.926**	0.188	0.006	0.028	-0.167	-0.16	-0.161
污水处理量/万立方米	-0.11	1.000**	1	1.000**	.834**	.923**	0.2	0.004	0.025	-0.172	-0.159	-0.159
污水日处理能力/万立方米	-0.11	1.000**	1.000**	1	.834**	.923**	0.2	0.004	0.025	-0.172	-0.159	-0.159
用电量/亿千瓦时	-0.033	.834**	.834**	.834**	1	.842**	.322**	-0.19	-0.087	-0.147	-0.173	-0.128
城市生活垃圾清运量/万吨	-0.026	.926**	.923**	.923**	.842**	1	0.153	-0.002	0.023	-0.171	-0.156	-0.152

续表

生态	建成区绿化覆盖率/%	污水排放量/万立方米	污水处理量/万立方米	污水日处理能力/万立方米	用电量/亿千瓦时	城市生活垃圾清运量/万吨	污水处理率/%	固体废物综合利用率/%	生活垃圾无害化处理率/%	单位GDP工业废水排放量/吨/亿元	单位GDP工业二氧化硫排放量/吨/亿元	单位GDP工业烟（粉）尘排放量/吨/亿元
污水处理率/%	0.202	0.188	0.2	0.2	.322**	0.153	1	−0.152	−0.161	−.353**	0.075	0.117
固体废物综合利用率/%	0.005	0.006	0.004	0.004	−0.19	−0.002	−0.152	1	.237*	0.163	0.093	0.011
生活垃圾无害化处理率/%	0.158	0.028	0.025	0.025	−0.087	0.023	−0.161	.237*	1	0.111	0.074	0.061
单位GDP工业废水排放量/吨/亿元	−0.072	−0.167	−0.172	−0.172	−0.147	−0.171	−.353**	0.163	0.111	1	.267*	0.17
单位GDP工业二氧化硫排放量/吨/亿元	0.005	−0.16	−0.159	−0.159	−0.173	−0.156	0.075	0.093	0.074	.267*	1	.912**

续表

生态	建成区绿化覆盖率/%	污水排放量/万立方米	污水处理量/万立方米	污水日处理能力/万立方米	用电量/亿千瓦时	城市生活垃圾清运量/万吨	生活污水处理率/%	固体废物综合利用率/%	生活垃圾无害化处理率/%	单位GDP工业废水排放量/吨/亿元	单位GDP工业二氧化硫排放量/吨/亿元	单位GDP工业烟(粉)尘排放量/吨/亿元
单位GDP工业烟(粉)尘排放量/吨/亿元	0.019	-0.161	-0.159	-0.159	-0.128	-0.152	0.117	0.011	0.061	0.17	.912**	1

** 在 0.01 级别(双尾),相关性显著。

* 在 0.05 级别(双尾),相关性显著。